AF497902

MÉMOIRE

SUR LA CULTURE

DES INDIGOFÈRES TINCTORIAUX.

MÉMOIRE

SUR LA CULTURE

DES INDIGOFÈRES TINCTORIAUX

ET

SUR LA FABRICATION DE L'INDIGO,

Par M. Perrottet,

EX-DIRECTEUR DES CULTURES DU GOUVERNEMENT AU SÉNÉGAL, NATURALISTE
VOYAGEUR DE LA MARINE ET DES COLONIES.

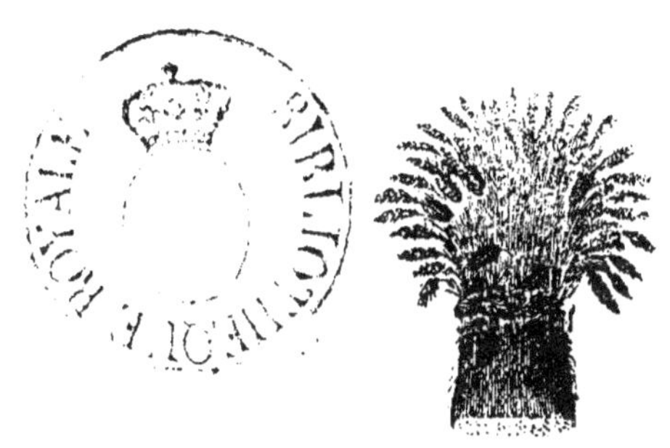

PARIS,

IMPRIMERIE DE E. DUVERGER,
RUE DE VERNEUIL, N. 4.

1832

MÉMOIRE

SUR LA CULTURE DES INDIGOFÈRES TINCTORIAUX

ET SUR LA FABRICATION DE L'INDIGO [1].

A l'époque où le célèbre Linnée établit le genre *indigofera* parmi les légumineuses, les seules espèces connues étaient celles qui fournissent aux arts manufacturiers la matière colorante désignée sous le nom d'*Indigo*. Ces espèces sont : l'*Indigofera anil*, l'*I. tinctoria*, et l'*I. argentea*, plantes qui croissent naturellement aux Indes orientales, en Amérique et dans l'Afrique septentrionale.

Les botanistes modernes ont depuis rapporté à ce genre intéressant une foule d'espèces découvertes dans les diverses parties du Nouveau-Monde par les voyageurs qui les ont visitées, bien qu'elles n'offrissent pas toujours, comme celles du type, le caractère chimique sur lequel semblait reposer le genre, mais présentant sous d'autres rapports une identité parfaite d'organisation.

D'après le relevé encore récent de M. De Candolle [2], le nombre des espèces aujourd'hui connues s'élève à plus de cent quarante, non compris une foule de variétés.

(1) Voici le rapport que M. Payen avait fait à la Société d'horticulture sur cet ouvrage manuscrit :

« Messieurs, vous m'avez chargé d'examiner un mémoire de M. Perrotet sur la fabrication de l'indigo.

« Ce mémoire contient des détails déjà très favorablement accueillis par votre comité sur la culture de l'indigo.

« La description des procédés d'extraction de la matière tinctoriale renferme une foule de détails intéressans et d'observations judicieuses capables de guider les manufacturiers dans la conduite difficile de ces opérations.

« Cette partie du mémoire de M. Perrotet me semble donc présenter un grand intérêt; elle est digne d'être insérée dans les *Annales de la Société*. »

(2) *Prodromus systematis naturalis regni vegetabilis*, II, pag. 221 et suivantes.

La plupart de ces plantes sont des herbes annuelles, petites, droites ou rampantes; toutes sont munies, principalement sur leurs feuilles, de poils en navette plus ou moins nombreux et plus ou moins développés.

Le nom d'*Indigofera* s'est donc trouvé faussement appliqué à ces espèces, puisqu'elles ne fournissent point toutes de l'indigo; mais on n'a pu trouver un seul caractère pour les en séparer et en former un genre distinct, l'organisation des parties florales et en général de la fructification étant la même sous le point de vue taxonomique. En effet, ce genre remarquable est tellement naturel et tranché qu'il serait impossible de ne pas reconnaître, même à un premier coup d'œil, toutes les espèces qui s'y rapportent. Nous en avons acquis la conviction en étudiant les vingt-cinq espèces que nous avons décrites et mentionnées dans la *Flore de Sénégambie*[1], à laquelle nous renvoyons le lecteur, ne devant ici nous occuper que des espèces tinctoriales proprement dites et notamment de leur culture.

Pour remplir cette tâche difficile et rendre complet le sujet que nous nous proposons de traiter en ce mémoire, nous croyons utile de commencer d'abord par faire connaître, autant que possible, la nature physique et la composition chimique des terres que réclame la structure organique de ces plantes délicates, ainsi que le moyen le plus simple et le plus avantageux de les labourer et de les ensemencer. Nous indiquerons ensuite les procédés dont on se sert généralement pour extraire le produit de ces végétaux parvenus à leur degré de maturité, et les soins nombreux qu'exige cette sorte de manipulation. Nous appuierons les détails dans lesquels nous entrerons à cet égard de nos propres expériences et des faits nombreux dont nous avons été témoins ; ce sera sans doute le moyen le plus sûr d'atteindre le but que nous nous proposons, celui d'être utile à ceux de nos concitoyens qui auraient le désir de se livrer à ce genre d'industrie et de prospérité agricole.

[1] Par MM. Perrottet et Guillemin. Paris, chez Treuttel et Wurtz.

Sur la culture des indigofères tinctoriaux et sur la fabrication de l'indigo.

Depuis long-temps le gouvernement français, animé du désir d'affranchir nos manufactures des sommes immenses qu'elles paient chaque année à l'étranger pour l'indigo qu'elles consomment, cherche à encourager dans nos possessions d'outre-mer la culture des indigofères et la fabrication de l'indigo. De nombreux essais en ce genre ont déjà été tentés sous ses auspices et à des reprises différentes dans plusieurs de nos colonies et notamment au Sénégal, où naguère encore on avait conçu le projet de fonder une colonie agricole. Les motifs pour lesquels cette branche intéressante de l'industrie a été abandonnée ne nous sont bien connus que pour ce dernier pays, où nous avons nous-même, pendant plusieurs années, dirigé de grands travaux et tenté divers essais de culture. L'abandon sans retour d'une entreprise aussi louable, dans cette partie du continent africain, fut motivé par les inconvéniens de tous genres que présentent la nature physique du climat et les mœurs insociables des naturels. Les efforts de l'art les plus soutenus pour tâcher de modifier l'influence fâcheuse de ce désastreux climat n'ont que mieux prouvé l'impossibilité d'atteindre ce but et d'arriver même à une amélioration quelconque. Nous avons d'ailleurs signalé ces inconvéniens dans un mémoire publié, en juin 1831, dans les *Annales maritimes et coloniales*. Nous nous abstiendrons de les répéter ici.

Dans tous les cas, la culture des plantes intéressantes qui nous occupent n'est ni aussi simple ni aussi facile que quelques personnes, d'ailleurs peu versées dans l'art agricole, ont osé l'avancer. Elle nous a paru, au contraire, exiger une étude spéciale, des soins nombreux et variés, selon le climat et la nature du sol où on l'établit. Il ne serait pas moins difficile de prescrire à cet égard des règles fixes, un plan de conduite régulier applicable dans tous les pays où ce genre d'industrie pourrait être introduit. C'est au cultivateur intelligent qu'il appartient de savoir apprécier au juste les principes d'après lesquels il est possible de fixer et de suivre cette culture, et d'assigner aux végétaux qui en sont l'objet le sol le plus conforme à leur nature ; car, bien que ces derniers puissent végéter plus ou moins vigoureusement dans presque tous les terrains, ils ne produisent pas cependant dans tous la même qualité ni la même quantité d'indigo. Nous en avons acquis la preuve dans l'établissement que nous dirigions au Sénégal, où les terrains de nature diverse donnèrent lieu à une végétation et à des produits extrêmement variés.

Du choix des terrains et de leur composition.

Les terrains destinés à la culture des indigofères doivent généralement présenter une surface plane, sans pente proprement dite, et surtout une homogénéité parfaite dans leur composition. Ceux qui offriraient trop d'inégalités ou qui seraient composés de collines, de monticules, etc., ne conviendraient sous aucun rapport à ce genre de plantation par la raison que les semences qui y seraient confiées se trouveraient successivement entraînées dans les bas-fonds, le lit des rivières et autres lieux semblables dès les premières pluies d'orage, et laisseraient ainsi à nu les champs qu'elles étaient destinées à revêtir de leur végétation.

Il sera donc nécessaire, sous ce rapport, de négliger tous les terrains dont la pente ou l'inclinaison serait par trop prononcée, ou qui présenteraient de fréquentes ondulations. On omettra pareillement tous ceux qui, dans leur composition, contiendraient une masse trop considérable d'argile ou d'alumine, et dont la couleur serait blanchâtre : ces terres, étant pour l'ordinaire très compactes et par conséquent extrêmement froides, ne sont en aucune manière propres à la culture des indigofères, bien que parfois les plantes puissent y acquérir un certain degré de développement; la quantité de principe colorant qu'elles sont susceptibles d'y puiser n'est jamais que très médiocre, comparativement à celle qu'elles s'assimilent dans un sol tout-à-fait conforme à leur nature [1].

Les terrains sablonneux qui affecteraient une couleur blanchâtre ne doivent pas non plus être compris parmi ceux destinés à la culture des indigofères : outre leur inconvénient de réfléchir la lumière solaire et de repousser son calorique au lieu de le concentrer, ils ont encore celui, non moins grave, d'être généralement très pauvres en matière nutritive, ou sont même le plus souvent complètement stériles.

On choisira donc, de préférence à tout autre terrain, les plaines composées de terres légères, riches en humus ou détritus de végétaux, affectant une couleur grisâtre tirant un peu sur le brun foncé. Celles formées de sable fin, profond et brunâtre, peuvent aussi être considérées comme excellentes. Les sols légers et sablonneux dont la couleur serait à peu près celle du fer rouillé ne seront pas non plus

---

(1) Cette différence de produit, résultant de plantes de même espèce, mais croissant dans des terrains de composition diverse, a été constatée au Sénégal dans l'établissement que nous dirigions, où des essais comparatifs ont été faits avec tout le soin désirable. Nous pûmes déjà reconnaître avec quelque certitude l'absence presque totale de matière colorante chez la plupart des indigofères des champs dont le sol variait à l'infini. En effet, la diversité de nuances qui caractérisait les plantes de ces terrains singuliers, passant du vert foncé au vert pâle et de celui-ci au vert glauque, etc., ne nous laissa aucun doute à cet égard. Nous en eûmes d'ailleurs la conviction entière en travaillant séparément les indigofères de ces nuances variées. Ceux dont la couleur passait du vert pâle au vert clair n'ont produit à la cuve qu'environ quatre livres d'indigo de mauvaise qualité, tandis que ceux au contraire dont la couleur passait du vert foncé au vert glauque en ont produit, à masse égale de plantes, dix livres de très belle qualité. Cependant, les plantes de l'une et de l'autre expérience avaient acquis un développement qui semblait n'offrir aucune différence appréciable.

à dédaigner, surtout s'ils avaient la propriété de conserver, pendant les sécheresses prolongées, une certaine dose d'humidité. Ceux qui dans leur composition ne contiendraient qu'environ un quart de terre alumineuse, mélangée à un sable brunâtre ou gris-foncé, pourront aussi être soumis avec succès à la culture des indigofères : on devra même les préférer s'ils ne sont pas trop humides ; car nous savons par expérience qu'un excès d'eau est toujours nuisible aux produits immédiats des végétaux, notamment à ceux qui constituent les matières colorantes dont on se sert dans les arts manufacturiers. Ce fait physiologique a été observé au Sénégal dans l'établissement dont nous avions la direction, non-seulement sur les indigofères, mais encore sur d'autres végétaux, tels que les gommiers, l'*Elaïs guineensis*, arbre qui produit le vin de palme, etc. [1]

Ainsi, les terrains reconnus trop humides, ou dont l'évaporation de l'eau s'opérerait difficilement, seront encore envisagés comme impropres à la culture des indigofères. L'expérience nous a démontré que les végétaux les plus riches en matière colorante étaient généralement ceux qui avaient crû dans un sol où l'humidité n'excédait pas celle strictement nécessaire à leur entretien ou à leur développement progressif. Une végétation étiolée, ou en quelque sorte forcée, ne donne, pour l'ordinaire, qu'un produit médiocre et de mauvaise qualité. Du reste, les indigofères sont des plantes très voraces, qui, comme la luzerne et le sainfoin, épuisent en très peu temps le terrain : il est nécessaire, pour en obtenir de bons résultats, de varier l'em-

(1) Un champ d'indigofère d'environ un arpent, arrosé tous les deux jours pendant deux mois consécutivement, n'a produit qu'environ quatre livres d'indigo de mauvaise qualité. Les *accaias* à gomme qui fournissent aux habitans de la côte occidentale d'Afrique la gomme arabique, et les palmiers, qui donnent cette liqueur spiritueuse connue sous le nom de vin de palme cessent de produire aussitôt que la saison des pluies est arrivée, l'exsudation de leur suc ne pouvant se manifester que pendant la sécheresse et la chaleur excessive du vent d'est.

placement chaque année , c'est-à-dire de faire les semis sur
des terrains neufs et ameublis par de fréquens labours.

Dans les pays où le sol est vierge et doué d'une grande
fertilité , on peut se dispenser de retourner chaque année
les plantations d'indigofères ; les coupes opérées sur des
plantes d'un an et demi à deux ans peuvent encore donner
des résultats satisfaisans. Nous avons reconnu néanmoins
que les plantes provenant des semis de l'année étaient toujours beaucoup plus riches en indigo que celles d'un an et
demi à deux ans, et sur lesquelles d'ailleurs plusieurs coupes
avaient déjà été effectuées.

L'immense étendue de terrain qu'il est nécessaire de cul-
tiver pour obtenir un résultat un peu satisfaisant ne permet
pas aux propriétaires d'établissemens d'employer la théorie
des engrais. Ils sont obligés, pour compenser cet inconvénient, de changer leur culture chaque année ou dès que
le sol cesse de produire ; ce qui nécessite la mise en culture
d'une quantité considérable de terrain et par conséquent
beaucoup d'ouvriers pour l'exploiter. On se sert cependant
avec succès, dans les pays où la fabrication de l'indigo est
traitée sur une grande échelle, du résidu de cette fabrication
pour fertiliser les terres, tels que : des feuilles de macération,
des eaux de batteries, de lavage , etc.; mais ces matières
putrides sont en si petite quantité, comparativement à l'é-
tendue du terrain, qu'on ne peut en répandre que sur une
portion bien minime de ce terrain, ordinairement la plus
voisine de l'indigoterie ; aussi l'indigo y prospère-t-il mieux
qu'ailleurs.

Des labours et de leur utilité.

Les labours doivent toujours être exécutés avec le plus
grand soin et à des époques bien déterminées. Leur profondeur en général ne saurait être précisée , du moins rigoureusement : la tendance qu'ont les racines des indigofères

à pénétrer perpendiculairement dans le sein de la terre , indique suffisamment qu'on ne saurait aller trop avant. Dans tous les cas ils ne devront jamais avoir moins de dix à douze pouces, surtout si la nature du terrain est froide et compacte. Les moyens employés à leur exécution varient selon les pays. Dans les uns on se sert de la charrue ou de l'araire ; dans les autres, de la houe ou de l'hilaire. Ceux qui se font au moyen des deux premiers instrumens sont préférables sous plus d'un rapport ; d'abord en ce que le sol se trouve retourné exactement et les herbes nuisibles parfaitement enfouies [1], et ensuite de soulever, de remuer la terre à une grande profondeur et d'amener ainsi à la surface les couches inférieures privées de l'air atmosphérique si nécessaire à la végétation et au développement des racines en général.

A défaut de charrues et d'animaux pour les faire marcher, on se sert de la houe dont on fait un usage général dans toutes les colonies. Ce moyen simple mais pénible de labourer les terres n'a pas l'avantage sans doute de réunir les bons effets du premier ; néanmoins son exécution facile le mettant à la portée de tout le monde, fait qu'on l'emploie toujours avec un égal succès, surtout si les ouvriers dont on se sert sont tant soit peu intelligens.

Les terrains réservés à la culture des indigofères ne peuvent être ensemencés avec l'espoir d'une réussite complète, qu'après qu'ils ont été labourés au moins trois fois. Le renouvellement de ces labours doit avoir lieu , selon les circonstances, de trois mois en trois mois et chaque fois en sens croisé ; on aura la précaution, surtout lorsqu'il s'agira du semis, de ne point détruire les sillons et les irrégularités que produisent les charrues et les ouvriers laboureurs ; on recommandera même à ces derniers de conserver le plus

(1) Celles-ci en pourrissant restituent au sol qui les a produites, non-seulement les matières nutritives qu'elles y ont puisées, mais encore celles absorbées dans l'atmosphère par les feuilles elles-mêmes.

d'inégalités possibles à la surface du sol, en les astreignant de
suivre chacun une ligne droite de manière à former une sorte
de sillon aussi régulier que possible. Cette manière de pro-
céder au labourage des terres destinées à la culture des indigofères a de grands avantages sur celle qui a pour objet
de niveler exactement la surface du sol. En effet, il a été
constaté que les pluies qui succèdent immédiatement aux
semis suffisent toujours pour soustraire les semences à l'action directe des rayons solaires, et pour les placer dans
une position très favorable à leur germination, tandis que
tous les moyens mécaniques employés pour remplir ce but
produisent souvent le contraire et semblent se trouver en
opposition directe avec ce que nous connaissons des lois de
la germination ; car il est prouvé que de cette manière les
semences se trouvent presque toujours ou trop enterrées
ou pas du tout, et que les terres fortement collées par les
averses d'eau qui se succèdent les privent du contact de
l'air et les empêchent de germer [1]. Mais, comme nous l'a-
vons fait remarquer plus haut, il est nécessaire, pour obtenir
le succès dont ce procédé est susceptible, que le semis
s'effectue, autant que possible, à l'approche d'un grain

(1) L'expérience nous a démontré que dans les pays où les pluies étaient ac-
compagnées d'orages, il n'était pas utile de niveler les terrains destinés à la culture des indigofères, et moins encore d'en écraser les mottes. Nous en avons acquis la preuve au Sénégal, où les champs nivelés et hersés avec soin, avant et
après le semis, n'ont jamais donné de résultat satisfaisant, tandis que ceux au
contraire dont la surface resta constamment raboteuse ou couverte de mottes
plus ou moins volumineuses ont toujours parfaitement réussi ; la cause de cette
différence fut trouvée dans les pluies. En effet, précipitées à la surface du sol
avec une violence qui ne se voit nulle autre part, elles aplanissent et collent fortement la terre, y déterminent de nombreux courans qui entraînent les semences
des indigofères dans les bas-fonds, dans le lit des rivières, etc. Les terrains non
nivelés et couverts de mottes, au contraire, retiennent l'eau de ces averses ou
l'absorbent au fur et à mesure qu'elle se précipite, et les semences, recouvertes
dans de justes proportions par la désagrégation des mottes, germent ordinairement au bout de trois à quatre jours.

de pluie ou lorsqu'on est à peu près certain qu'il pleuvra dans les vingt-quatre heures ; ce qui, pour l'ordinaire, est facile à constater dans presque tous les pays.

Pour opérer avec fruit le labour sur lequel doit s'effectuer immédiatement le semis, il est indispensable que le sol soit humecté à la profondeur de huit à dix pouces et que les semences de la plus grande partie, sinon de la totalité des herbes nuisibles, se soient développées ; dans le cas contraire, on aurait le désagrément de voir les indigofères successivement étouffés par ces milliers de plantes voraces ou de perdre un temps considérable pour les en débarrasser ; ce qui augmenterait nécessairement les frais de culture sans en obtenir un meilleur résultat.

Ainsi, on ne fera marcher les charrues qu'à la suite d'un premier grain de pluie et même d'un second si le premier n'était pas suffisant : alors seulement on exécutera de bons labours, qui seront d'autant plus faciles que le sol sera plus meuble et plus friable. Mais il sera urgent, à cette époque, de développer une grande activité et de mettre en mouvement toutes les charrues et tous les ouvriers qu'on pourra se procurer, afin de terminer les semailles le plus promptement possible, lesquelles, dans les contrées où la saison des pluies est bornée à quelques mois seulement, comme au Sénégal, par exemple, ne sauraient se prolonger sans inconvénient, les indigofères devant parcourir toutes les périodes de leur développement pendant ce laps de temps.

Du choix des semences et de leur récolte.

Le choix des semences, dans un établissement bien dirigé, est une chose des plus importantes et à laquelle le cultivateur ne saurait donner trop d'attention. Dans le cas de négligence de sa part il se verrait exposé à perdre et son temps et son argent, ainsi que cela est arrivé au Sénégal. Si les graines étaient trop anciennes, leur germination serait considérablement retardée ou même n'aurait pas lieu du tout, comme nous l'avons vu plus d'une fois. Si encore elles avaient mal mûri ou étaient incomplètement organisées, chose qu'il n'est pas rare de rencontrer dans les pays secs et chauds, il en résulterait de faibles individus ou souvent même aucun : de la sorte, on manquerait le but essentiel de son entreprise.

On n'emploiera donc que les graines les plus mûres, les plus nouvelles et les mieux nourries : celles récoltées dans le courant de l'année sur des plantes vigoureuses et bien constituées devront toujours être préférées. Dans le cas où l'on serait forcé d'avoir recours à celles de deux et même de trois ans, on fera usage, pour hâter leur germination, du procédé dont nous nous servions avec succès au Sénégal, qui consistait à triturer légèrement les semences dans un mortier avec un peu d'eau, du sable, de la brique pilée ou du charbon, à l'effet de détacher ou de rompre seulement la tunique crustacée dont elles sont revêtues. Cette enveloppe étant elle-même recouverte d'une sorte de vernis ou d'enduit visqueux, de nature résineuse, non miscible à l'eau, empêche l'humidité d'arriver aux cotylédons et de favoriser le développement de l'embryon.

Préparées de la sorte, ces semences peuvent être employées, pourvu toutefois qu'elles soient bien mûres, avec autant de succès que celles nouvellement récoltées ; leur germination pourra avoir lieu, par un temps chaud et humide, trois à quatre jours au plus après leur mise en terre, surtout si le sol a été préparé comme nous l'avons indiqué à l'article des labours.

Dans tous les cas, il sera nécessaire de laisser subsister dès la première coupe une certaine quantité de plantes pour graines, proportionnée à l'étendue des semis à faire dans la saison prochaine. La cueillette ne devra en être faite que lorsqu'elles auront atteint leur degré de maturité.

lequel se reconnaît facilement aux gousses qui, de verdâtres qu'elles sont d'abord, passent successivement au jaune, puis en se desséchant, au gris très foncé.

Il n'y aurait aucun inconvénient, après la récolte, de laisser les semences dans leurs gousses jusqu'au moment de les confier à la terre ; au contraire, nous croyons avec beaucoup de raisons qu'elles n'en conserveraient que mieux leur faculté germinative. Mais comme de cette manière il ne serait pas possible d'évaluer exactement leur quantité, et que cependant il est nécessaire de la connaître avant l'époque des semailles, nous pensons que l'on fera bien de les en séparer aussitôt la récolte achevée, ou même au fur et à mesure qu'elle s'opère. On les conservera ensuite dans des barriques ou dans des caisses bien fermées jusqu'au retour de la saison des pluies, époque à laquelle ont lieu généralement les semis. Jusque là, et en attendant le retour de la saison des semailles, on prendra toutes les précautions nécessaires pour les préserver de l'humidité et surtout de la voracité des insectes destructeurs dont les pays chauds abondent.

Pour séparer ou retirer les semences des gousses indéhiscentes qui les renferment, on se sert ordinairement d'un mortier et d'un pilon en bois, au moyen desquels on brise aisément ces petits corps cylindriques sans endommager aucune des semences dont ils sont remplis : celles-ci, dans cette opération, doivent leur conservation intacte à la finesse et à la forme sphéroïde qui les caractérisent. En effet, la facilité avec laquelle elles glissent sous le pilon les fait échapper à son choc direct.

Le nettoyage des graines s'opère à l'aide d'un petit van ou autre instrument analogue : il a lieu au fur et à mesure qu'elles sont séparées de leurs gousses ; peu d'heures suffisent pour en nettoyer ainsi une grande provision.

L'exposition au vent est encore un moyen dont on se sert avec succès dans les colonies pour nettoyer et expulser la poussière des semences de toute espèce. En effet, présentées plusieurs fois à l'impulsion de l'air agité, ces graines, douées d'un certain poids, sont bientôt débarrassées de toutes les ordures dont elles sont environnées en retombant seules sur les nattes ou autres tissus placés pour les recevoir, tandis que la poussière et les débris tégumentaires qui les accompagnent sont transportés à distance au fur et à mesure. C'est ainsi, par exemple, que les Africaines chargées du soin de leur ménage nettoient le mil qui fait la base de leur nourriture ; elles exécutent ce travail avec une adresse vraiment merveilleuse.

Des semis et de leur exécution.

Le procédé le plus simple et le plus naturel dont on puisse se servir pour effectuer le semis des indigofères est, sans contredit, celui connu sous le nom de *semis à la volée*. Nous avons reconnu, en effet, qu'il avait plusieurs avantages réels sur ceux dont on se sert dans la plupart des pays où la culture des indigofères est en honneur : nous n'hésitons donc pas à le proclamer comme devant être le seul dont on doive maintenant faire usage dans les colonies où cette branche de l'industrie est en vigueur.

Le premier de ses avantages est celui qui a pour objet d'économiser une quantité notable de graines et d'obtenir une grande uniformité dans la distance entre les plantes ; mais nous avouons ici que l'emploi de cette méthode exige, de la part de l'ouvrier, une certaine intelligence, une sorte d'habitude qui ne s'acquiert qu'en pratiquant. Pour ne point manquer le but qu'il se propose, le semeur devra connaître entre autres choses le mode de végéter des plantes dont il opère le semis, ainsi que la nature du sol sur lequel il l'effectue. Ces connaissances préalables, sans lesquelles on ne saurait se flatter de réussir complètement, sont indispensables à l'agriculteur qui veut se livrer à ce genre intéressant d'exploitation.

Voici, du reste, la marche à suivre dans l'exécution de ce procédé et les précautions à prendre pour assurer la répartition uniforme des semences sur toute la surface du sol.

On détermine, au moyen d'un certain nombre de baguettes, de branchages d'arbres ou de plantes encore vertes, placées de distance en distance sur deux lignes parallèles, une largeur d'environ vingt à vingt-cinq pieds au plus. Le semeur, revêtu du sac ou de la bagane contenant les graines destinées au semis, se place au milieu de cette largeur ainsi circonscrite, et à chaque pas qu'il fait en avant il jette alternativement une poignée de semence à droite et une poignée à gauche, et continue de la sorte en marchant aussi régulièrement que possible jusqu'à ce qu'il ait atteint le bout de son champ.

Il n'est pas rigoureusement nécessaire que les branches qui limitent au semeur l'espace qu'il doit embrasser dans le jet de ses semences soient parfaitement alignées, ni même placées à égale distance les unes des autres; mais ce qui est important, c'est qu'elles se trouvent placées comme des jalons, c'est-à-dire toujours en face l'une de l'autre, de manière à ce qu'on ne puisse jamais perdre de vue les limites qu'elles déterminent.

Dans son trajet d'allée et de venue, le semeur est suivi d'un ouvrier ou seulement d'un enfant de douze à quinze ans qui arrache les branches de la ligne extérieure au fur et à mesure qu'il avance et les replace en dedans à la même distance; de façon que le semeur n'est jamais arrêté dans sa marche qui, comme nous l'avons dit, doit être aussi régulière que possible.

Un arpent de terrain de bonne qualité ensemencé par ce procédé ne doit jamais consommer plus de dix à douze livres de graines au maximum, surtout si ces semences appartiennent à l'espèce connue sous le nom d'*indigofera tinctoria* et à sa variété *macrocarpa* ou *emarginata*. Ces plantes étant d'ordinaire très rameuses et par conséquent fort touffues exigent, pour la facilité de leur développement, un certain espace, tandis que l'espèce *anil* et ses nombreuses variétés, qui sont des plantes généralement plus grêles et moins rameuses dans toutes leurs parties, peuvent être semées un peu plus drues ; pas tellement, cependant, qu'il faille nécessairement dépasser les douze livres de semence par arpent : cela dépendra, au reste, de la qualité des graines et de la nature du sol.

Ainsi nous voyons que les semis qui réussissent le mieux sont ceux que l'on opère à la volée et la veille d'un grain de pluie. Nous avons reconnu, en effet, à l'égard de cette dernière assertion, qu'en saisissant bien le moment où l'atmosphère se préparait à l'orage, on était toujours certain d'obtenir une prompte et complète germination, surtout si, comme nous l'avons fait remarquer à l'article labours, le terrain se trouvait préparé de façon à ce que les graines puissent se recouvrir par le seul effet des pluies.

Du reste, dans tous les pays où la culture des indigofères est un objet de ressource et de prospérité pour les habitans, l'époque des semis est toujours déterminée par celle des pluies, quels que soit d'ailleurs les mois de l'année où elle se manifeste. On sait, au surplus, que les deux grands principes de la végétation sont la chaleur et l'humidité, et que sans le concours de ces deux puissans agens, il n'y a pas de développement possible chez aucun des végétaux connus. Or, comme dans les pays intertropicaux il n'y a point de pluie sans chaleur, il est juste de profiter de ces deux circonstances réunies pour s'occuper sérieusement des travaux agricoles.

Des sarclages et de leurs résultats.

Les sarclages ont pour objet principal de purger de toute espèce d'herbes nuisibles les indigofères, et de les entretenir

dans un état continuel de propreté afin de faciliter leur crois-
sance. Le premier sarclage n'a lieu ordinairement qu'après
que les plantes tinctoriales ont atteint la hauteur de trois à
quatre pouces au moins et que les mauvaises herbes sont
assez développées pour être arrachées sans effort, ce qui
peut arriver de dix à douze jours après le semis.

Ce sarclage, qui habituellement se fait à la main, doit marcher rapidement, de telle sorte que les ouvriers restent le
moins de temps possible sur les jeunes indigofères. On recommandera expressément à ces ouvriers de prendre toutes
les précautions nécessaires pour ne pas trop écraser ces végétaux naissans et de ne pas mettre à nu leurs racines délicates.

Les tas d'herbes formés à la surface des champs par les
sarcleurs doivent être enlevés au fur et à mesure ; leur séjour
prolongé gênerait le développement des indigofères et en
ferait périr un grand nombre.

Le second sarclage s'opère aussitôt qu'on voit reparaître
les herbes nuisibles et que leur nombre commence à gêner
la végétation des indigofères. L'époque ne saurait en être
déterminée d'une manière plus précise ; le cultivateur pourra
d'ailleurs apprécier lui-même le moment favorable, lequel
dépendra plus ou moins des circonstances locales et de la nature du sol.

Dans cette seconde opération, la serfouette fourchue est
toujours employée avec le plus grand succès : les ouvriers
doués d'un peu d'adresse s'en servent pour biner ou dé-
croûter la surface du sol battue ou fortement tassée par les
pluies d'orage. Ce binage produit toujours le meilleur effet
sur les plantes qui le reçoivent ; peu d'instans suffisent même
pour qu'on s'en aperçoive d'une manière sensible. Il sera
donc avantageux de le renouveler souvent et autant de fois
qu'on le jugera nécessaire : on ne le suspendra tout-à-fait
que lorsque les plantes pourront ombrager le sol et étouffer
les herbes qui tendraient à s'y développer.

Lorsque le temps et la saison sont favorables, trois mois suffisent le plus souvent pour permettre aux indigofères d'atteindre le degré de développement le plus avantageux à la fabrication de l'indigo.

Les caractères auxquels on reconnaît ce degré de développement sont ceux qui résultent de la floraison et du commencement de fructification, ainsi que nous le démontrerons dans l'article suivant.

De la récolte des indigofères.

Il est incontestable que l'époque à laquelle les indigofères sont les plus riches en matière colorante est celle où commence la floraison. Ce fait important a été reconnu et constaté au Sénégal où de nombreuses expériences comparatives ont été faites à l'égard de leur produit. En effet, les indigofères dont les branches inférieures se trouvaient déjà chargées de fruits plus ou moins développés, ayant été travaillés séparément et avec tout le soin désirable, n'ont produit, à la cuve, qu'une très faible quantité d'indigo et de mauvaise qualité, tandis que ceux, au contraire, dont les fleurs commençaient à peine à se montrer ont donné un très beau produit. C'est un fait d'ailleurs incontesté que la floraison et la fructification des plantes attirent vers elles tout le dépôt de substances élaborées dans les divers organes des végétaux, et suspendent ainsi, pendant l'acte de cette évolution naturelle, tout autre développement organique ; d'où résulte l'absence presque totale de produits immédiats chez les végétaux dont la fructification est accomplie.

A moins donc de s'exposer à perdre le fruit de ses travaux, on n'attendra point, pour opérer définitivement la coupe des indigofères, que les graines se soient formées ; au contraire, on saisira le moment où la floraison commence à se manifester et que les feuilles inférieures, à l'aisselle desquelles elle apparaît, éprouvent un léger changement de

couleur. Ces indications étant un moyen sûr de reconnaître
l'état de la plante le plus favorable à la fabrication de l'indigo, on ne devra pas les négliger, car chaque jour de retard verrait disparaître une quantité notable du produit;
perte qui prouve déjà combien ce travail, une fois commencé, doit être accéléré.

La coupe des indigofères s'effectue au moyen de bonnes
serpettes ou de faucilles tranchantes et le plus près de terre
possible; elle est ordinairement d'autant plus prompte et
facile que les tiges sont plus herbacées; et comme elles
deviennent ligneuses en peu de temps, la difficulté de les
couper augmenterait et les opérations de fabrication se
trouveraient par cela même retardées. A l'exécution de ce
travail pénible on emploie les ouvriers de l'atelier qui mon-
trent à la fois le plus d'intelligence et de force dans le poi-
gnet; les autres sont destinés à ramasser les tiges des indigofères coupées, et à en faire des gerbes de deux mètres de
circonférence. Celles-ci sont transportées à l'indigoterie au
fur et à mesure qu'on les forme, et ouvertes immédiatement, puis distribuées par lits superposés dans la trempoire.

En recommandant d'activer sérieusement la coupe des
indigofères, une fois leur point de maturité reconnu, nous
avons omis de faire observer que le nombre de jeux de cuves[1]
destinés à la fabrication de l'indigo devait être relatif à l'é-
tendue de l'exploitation, afin de n'éprouver aucun retard
dans l'exécution des divers travaux qui s'y rattachent, car
si aucune récolte ne demande à être faite plus promptement,
aucun produit n'est aussi plus susceptible de s'altérer et de
se détruire que celui des indigofères dont nous nous occu-
pons.

Ainsi le nombre des usines sera toujours en rapport avec
l'étendue des plantations, et elles seront distribuées, s'il y a
lieu, sur des points différens de l'établissement, de manière

_____

(1) Le jeu de cuve se compose d'un bassin de reposition, d'une trempoire et
d'une batterie.

à ce qu'elles se trouvent le plus possible rapprochées du centre de l'exploitation. Nous ferons connaître ailleurs la construction de ces usines. Ici nous n'avons voulu qu'indiquer leur rapport avec l'étendue des champs cultivés.

Si la fabrication de l'indigo devait avoir lieu par le procédé de la feuille sèche, il faudrait alors employer un moyen de récolter les plantes différent de celui dont nous venons de donner la description et que le cultivateur est intéressé à bien connaître. Nous allons donc entrer dans quelques détails à son égard, et signaler celles des précautions qui nous paraissent utiles à prendre dans l'intérêt de cette manipulation.

La coupe des indigofères dans ce cas ne doit s'effectuer que par un temps sec et chaud, afin que les feuilles qui doivent servir à la fabrication de l'indigo puissent se dessécher promptement et sans altération aucune. Il faudrait, s'il était possible, qu'elles pussent non-seulement être séchées, mais encore serrées ou emmagasinées dans la même journée. Or, pour pouvoir sécher, battre et serrer la récolte en si peu de temps, il sera nécessaire de commencer à couper vers les quatre heures de l'après-midi, continuer jusqu'à la nuit, reprendre ce travail le lendemain de très bonne heure et le suspendre vers les neuf heures du matin.

Dans un cas pressant on pourrait couper toute la nuit sans nul inconvénient, surtout si la lune prêtait sa lumière. Du reste, de quelque manière que l'on agisse, les plantes coupées doivent être étalées immédiatement et aussi clair que possible sur le terrain même. On ne pourrait sans inconvénient laisser long-temps ces plantes en tas, car une heure suffirait pour y développer de la chaleur, noircir les feuilles et en altérer la matière colorante.

Lorsque la journée aura été sèche et chaude, le battage des tiges, pour en détacher les feuilles, pourra déjà commencer vers les trois heures de l'après-midi, et se continuer, s'il y a lieu, jusqu'à la nuit. Ce travail s'effectue sur des toiles à voile d'une grande dimension, tendues à la surface du champ. Les indigofères qui ont subi l'action d'une dessiccation achevée y sont apportés et battus successivement. Leurs feuilles, tombant au plus léger attouchement, exigent qu'on les relève de dessus terre avec précaution. A cet effet on passe sous chaque rangée [1] une baguette ou perche d'environ 4 pieds et demi de long, et en appuyant sur les plantes avec une autre baguette de même longueur, tenue de la main gauche, on enlève une quantité assez considérable de ces tiges desséchées, sans faire tomber aucune feuille. On peut encore les relever à la main, en ayant soin d'avoir à ses côtés une civière revêtue d'une natte, sur laquelle on les dépose provisoirement; on en place ainsi une grande quantité que l'on transporte ensuite sur les toiles, où trois à quatre ouvriers, pris parmi les plus jeunes, armés de gaules, frappent alternativement ces tiges et en font tomber les feuilles. Le battage terminé, on transporte dans un magasin aéré les feuilles qui en résultent, et on les abrite contre l'humidité avec des nattes, paillassons, etc.

Dans le cas où une journée ne suffirait pas pour rendre complète la dessiccation des feuilles, ce qui arrive quelquefois, alors au lieu de les emmagasiner de suite on les étale, au contraire, sur une toile, dans un endroit aéré à l'abri de l'humidité, et en les retournant deux à trois fois pendant la nuit, on empêche le développement de la chaleur qui se manifesterait en très peu de temps. Toutes les précautions doivent être prises pour éviter ce funeste accident, qui occasionnerait la perte entière de la récolte. On réexpose les feuilles au soleil dès le lendemain à 9 heures, et en les retournant quelquefois dans la journée, au moyen d'un rateau à dents de bois, elles achèvent ainsi parfaitement leur dessiccation. On les vanne ensuite pour les purger des se-

____

(1) Les plantes sont étendues exactement par lits parallèles ou par rangées rapprochées, comme on le pratique à la moisson pour le blé, etc.

mences et débris de tiges ; puis on les transporte dans le magasin, où elles restent jusqu'au moment de les livrer à la fabrication.

On reconnaît qu'une feuille d'indigofère a été bien séchée lorsqu'elle conserve un ton verdâtre un peu plus pâle que celui qu'elle avait étant vivante ; qu'elle concentre une odeur en quelque sorte aromatique ou de lazerne desséchée sans qu'elle ait rien perdu du principe colorant qu'elle contient.

Lorsque les feuilles ont été soignées pendant leur dessiccation et qu'elles réunissent toutes les conditions qui caractérisent une bonne qualité de feuille, elles peuvent se conserver plusieurs mois en magasin, pourvu toutefois que celui-ci soit bien sec. Nous avons travaillé de ces feuilles à l'indigoterie de N'ghio, dans le pays de Walo au Sénégal, qui avaient séjourné plus de quatre mois dans un magasin clos ; elles nous donnèrent une très belle qualité d'indigo.

En terminant cet article sur la récolte des indigofères, nous croyons devoir ajouter que la fabrication de l'indigo par le procédé de la feuille sèche ne saurait jamais devenir lucrative pour les personnes qui se livrent à la culture de ces plantes intéressantes ; les soins et les précautions de tous genres que nécessitent la préparation et la conservation des feuilles séchées étant de nature à entraîner dans des dépenses que le produit le plus riche ne pourrait balancer. D'un autre côté, on est trop souvent exposé à perdre le fruit de ses travaux pour qu'on doive songer à le mettre en pratique ; nous avons été à même de nous en convaincre au Sénégal où ce procédé de fabrication a d'abord été employé faute de moyens suffisans pour opérer immédiatement sur des feuilles vertes. On ne devra donc s'en servir que lorsqu'il ne sera pas possible de faire autrement, comme par exemple quand les indigofères sont en trop petite quantité ou en trop mauvais état pour être fabriqués par la feuille verte, ou lorsqu'à cet effet on manque des moyens nécessaires : alors, pour ne pas perdre le produit de ces végétaux, on a recours au procédé dont il s'agit, sans être obligé pour cela de posséder un grand atelier ni beaucoup d'usines. Il suffira d'avoir à sa disposition :

1° Quelques barriques ordinaires ou pièces à vin de Bordeaux, dont on se servira comme cuve trempoire, batterie, etc. ;

2° D'une ou de plusieurs bailles faites avec des barriques sciées en deux ;

3° D'une ou deux battes construites avec des morceaux de planches de 9 à 10 pouces carrés ;

4° De quelques spatules en bois de sapin ou autre ;

5° D'un ou de plusieurs cadres d'environ 15 pouces carrés, garnis de grosse toile en coton ;

6° De plusieurs calebasses de diverses grandeurs ;

7° D'un certain nombre de canaris ou vases en terre cuite, ou en fer, de dimension variée ;

8° D'une écumoire en bois ou en cuivre ;

9° De quelques formes ou caissons à presser l'indigo, ayant un pied carré et six pouces de profondeur, criblés de trous sur toutes leurs faces, dont le fond et le couvercle restent détachés ;

10° D'une demi-douzaine de morceaux de toile, d'environ 18 pouces carrés :

11° De quelques paillassons destinés à recevoir les pains d'indigo. Voici par ordre numérique l'emploi des objets et ustensiles correspondant aux articles ci-dessus.

N° 1. Les barriques sont destinées à servir debout ; on enlève à chacune d'elles un de ses fonds. Les unes porteront, sur une de leurs meilleures douves au niveau du fond, une ouverture d'environ neuf lignes de diamètre. Les autres auront en outre une ouverture de six lignes, qui sera placée à quatre pouces au-dessus du fond ; une seule des barriques n'aura que cette ouverture de six lignes à quatre pouces de son fond. Ces ouvertures seront fermées par des chevilles ou tampons en bois, garnis de chiffons si cela est jugé nécessaire. Les barriques seront de choix et surtout bien nettoyées en dedans avant d'être employées. Celles qui n'ont qu'une ouverture sont destinées à servir de trempoire et porteront ce nom, celles qui en ont deux seront nommées batteries. La réunion d'une trempoire et d'une batterie portera ici le nom de jeu de cuve. L'une de ces barriques est destinée à servir de cuve à chaux : elle portera ce nom. Son fond détaché sera conservé pour la couvrir.

N° 2. Les deux bailles doivent être bien grattées intérieurement de manière à enlever tout le tartre et la couleur de lie de vin dont le bois est toujours imprégné. Elles sont destinées à recevoir le dépôt des batteries ou à servir de support au sablier.

N° 3. Dans leurs dimensions les planchettes des battes pourraient être percées de quatre trous d'un pouce à quinze lignes de diamètre pour augmenter l'effet du battage. Chaque pagaye ou batte aura, manche compris, au moins cinq pieds de long.

N° 4. Les spatules servent à nettoyer les calebasses, à enlever la fécule de dessus les filtres et à la diviser.

N° 5. Les cadres pourront être faits avec toutes sortes de bois, pourvu qu'ils soient solides. Ils n'ont nullement besoin d'être soignés. Quatre rondins ou morceaux de planche amincis vers le point de jonction et réunis par deux clous en sens contraire à chaque angle suffisent à la nature de leur emploi. Garnis de leur toile, ils sont destinés à servir de sablier sur lesquels on met égoutter l'indigo.

N° 6. Les calebasses sont destinées à divers usages, et surtout à puiser la fécule dans les batteries ou à la recevoir. Il devra y en avoir deux de la plus grande dimension, qui serviront à délayer et à battre l'indigo en pâte dans diverses circonstances.

N° 7. A la rigueur, on pourra se servir de canaris pour faire bouillir l'indigo ; mais comme il est difficile d'en fabriquer de la dimension voulue en leur conservant de la solidité, il vaudra mieux, pour la sûreté du produit, se servir d'une chaudière ou marmite en métal.

Nº 8. L'écumoire pourra être en bois ou en métal; elle servira à enlever les écumes qui se présentent à la surface de la chaudière lors de l'ébullition de l'indigo.

Nº 9. Les petits caissons destinés à recevoir l'indigo, pour le soumettre en pâte encore liquide sous l'action de la presse, seront formés de quatre morceaux de planche enchâssés l'un dans l'autre, et retenus à leur extrémité par des clefs mobiles. Ils seront garnis intérieurement d'un morceau de guinée bleue ou autre toile offrant une résistance suffisante.

Nº 10. Les morceaux de guinée bleue servent à revêtir les caissons dont il vient d'être fait mention.

Nº 11. Les paillassons en roseau fin ou en paille sont destinés à recevoir l'indigo en pain et à suppléer ainsi à la sécherie. Ils seront placés sur des lattes ou des perches soutenues par des piquets à trois ou quatre pieds au-dessus du sol, mais à l'abri de l'humidité et des rayons solaires.

De la construction d'une indigoterie et de ses usages.

La construction d'une indigoterie dans un établissement où la culture des indigofères est traitée en grand doit être en maçonnerie, et élevée sur un sol solide à la proximité d'une rivière ou de tout autre courant d'eau douce [1].

L'usine pourra être composée d'un ou plusieurs jeux de cuve, suivant l'étendue de l'établissement, et en général de ses cultures.

Le jeu de cuve, comme nous l'avons fait remarquer plus haut, se compose, savoir: d'un bassin de reposition, d'une

---

(1) On ne peut dans aucun cas se servir d'eau salée pour fabriquer l'indigo; autrement on s'exposerait à perdre le fruit de ses opérations. C'est un fait dont nous nous sommes assurés.

cuve trempoire, d'une *idem* batterie, et d'un grand nombre
d'accessoires dont nous ferons mention plus bas.

Le bassin de reposition pourra être construit de manière
à servir plusieurs jeux de cuves à la fois ; ses dimensions,
dans ce cas, seront proportionnées au nombre de ces jeux
de batteries. Les murs qui en formeront la capacité seront
établis sur une aire ou plate-forme de quatre pieds au moins
d'épaisseur ou de fondation ; ils auront eux - mêmes une
épaisseur de trois pieds. Le tout sera construit en bonnes
briques et en excellente chaux. La forme en sera ou ronde
ou carrée ; dans ce dernier cas, les angles intérieurs en
seront arrondis de façon à offrir plus de solidité. Le revête-
ment de la maçonnerie ou le crépissage en dedans comme
en dehors sera fait avec tout ce qu'il y aura de mieux en
ciment : on mettra surtout le plus grand soin à son applica-
tion qui est extrèmement difficile. Son épaisseur ne saurait
avoir moins de quatre pouces surtout en dedans ; elle pourra
être moindre à l'extérieur. On rend ce ciment ferme et uni
au moyen d'un frottement à la truelle de plusieurs heures,
c'est-à-dire jusqu'à ce qu'il soit parfaitement sec. Par ce procédé on rebouche les fentes ou les crevasses au fur et à mesure qu'elles se présentent.

L'ouverture ou canal à décanter, par lequel l'eau devra
sortir pour alimenter les cuves, sera placé à deux pieds environ au-dessus du fond. Cette distance est calculée d'après
le dépôt que l'eau dont on remplit le bassin pourra former,
dépôt qui sera d'autant plus considérable que l'eau sera
plus chargée de matières terreuses. Un autre trou, destiné
au nettoyage du bassin, est pratiqué vers le bas et tout-à-fait
sur le fond du réservoir : la bonde de celui-ci, dont le
diamètre est d'environ quatre pouces, n'est ouverte que
pour écouler le dépôt et laver complètement le bassin.

La cuve trempoire est placée immédiatement au-dessous
de l'ouverture supérieure du bassin de reposition, et adossée
au mur dans lequel se trouve cette ouverture, c'est-à-dire

que la hauteur des murs de cette cuve se trouve de niveau avec le trou du bassin de reposition. Il n'est pas nécessaire que sa construction soit aussi solide que celle du réservoir ; néanmoins l'usage auquel elle est destinée exige qu'elle soit faite avec soin et surtout avec de bons matériaux. Elle aura, en surface carrée, de seize à vingt-quatre pieds sur une profondenr d'environ trois pieds et demi. L'aire sur laquelle seront élevés les murs des parois aura trois pieds et demi à quatre pieds d'épaisseur, et formera ainsi une masse parfaitement homogène. Les murs n'auront besoin que d'avoir environ deux pieds et demi d'épaisseur, et seront revêtus, comme ceux du bassin de reposition, d'un ciment solide et bien lié : on donnera à son fond une légère inclinaison vers l'ouverture à décanter : celle-ci formera un trou arrondi d'environ quatre pouces de diamètre. Sur l'avant et l'arrière de la trempoire on établit à poste fixe, de chaque côté et à égale distance entre eux, six montans en bois[1], percés de trous sur toute leur longueur et réunis par paire, laissant entre eux un espace vide d'environ six pouces, formant ainsi une sorte de coulisse dans laquelle joue l'extrémité d'une poutre carrée de même épaisseur. Ces poutres servent à maintenir les indigofères sous l'eau dans la cuve trempoire, à l'aide d'une rangée de perches placées sous les poutres qui sont retenues à leur surface au moyen d'un boulon en fer introduit dans les trous dont les montans sont criblés, et présentent ainsi à l'action de la fermentation une résistance considérable.

La batterie, construite de la même manière que la trempoire, se trouve placée comme elle, par rapport au bassin de reposition, tout-à-fait au-dessous du canal à décanter, et de manière que ces trois pièces présentent une disposition en amphithéâtre. Sa profondeur sera d'environ cinq pieds, et sa surface carrée comme celle de la trempoire, c'est-à-dire de seize à vingt-quatre pieds. Une plaque en

____

[1] Voyez le plan à la fin du mémoire.

pierre ou en métal, de deux pieds environ de hauteur sur quinze pouces de largeur, percée de trous superposés d'environ deux pouces de diamètre, est incrustée au centre et tout-à-fait vers le bas du mur inférieur de la cuve batterie. Ces trous, munis chacun d'une bonde d'environ un pied de long et garnie de linge, sont destinés à décanter par degré l'eau entièrement dépouillée d'indigo.

A côté de cette plaque et au niveau du fond même de la cuve, on pratique un trou rond d'environ quatre pouces de diamètre, par lequel la fécule se rend dans le diablotin. De même que la trempoire, le fond de la batterie doit avoir une légère inclinaison vers l'ouverture à décanter.

Dans un des coins de la batterie ou à l'angle du bassin de reposition, on construit une cuve à chaux, de six pieds de surface environ sur cinq pieds de profondeur. Les murs n'ont que d'un pied à dix-huit pouces d'épaisseur et sont crépis comme ceux des autres cuves, en bon ciment. Le trou à décanter est placé à un pied à peu près au-dessus du fond: l'espace situé entre lui et ce dernier est réservé au dépôt de chaux de saturation.

La cuve diablotin est construite dans le sol et tout-à-fait au-dessous de la batterie[1]. Sa longueur n'est pas précisément déterminée : celle que nous possédions au Sénégal avait quinze pieds de longueur sur une largeur d'environ sept pieds et cinq pieds de profondeur. Les murs seront moins épais de beaucoup que ceux des cuves dont nous venons de parler ; mais ils seront revêtus d'un ciment analogue. L'inclinaison de son fond vers les trous à décanter sera plus forte que celle de la batterie, l'écoulement du restant de l'eau devant se faire plus promptement. Il sera également placé inférieurement une plaque trouée, en tout semblable à celle de la cuve batterie, ainsi qu'un trou à côté pour la vider et nettoyer. L'eau de cette cuve sera reçue dans

____

(1) On laisse entre la batterie et le diablotin un espace de 8 à 10 pieds pour la circulation des ouvriers, l'établissement des presses, des sabliers, etc.

un bassin placé en dehors, et portée à l'extérieur au moyen d'une pompe foulante en bois.

Un canal de communication, construit dans le sol entre la batterie et le diablotin, servira à conduire la fécule colorante de la première dans celui-ci ; il sera également fait en brique et enduit d'un bon ciment, uni et bien lié : on aura soin de le tenir toujours couvert avec des planches polies et bien jointes, qu'on lavera chaque fois qu'il s'agira d'écouler l'indigo.

La chaudière, comme toutes les cuves qui précèdent, sera construite en maçonnerie et avec tout ce qu'il y aura de mieux en matériaux. Sa capacité devra être en rapport avec le nombre de jeux de cuves existant ; elle pourra avoir de quatre à six pieds carrés. Les murs seront assis sur de bons fondemens et n'auront pas moins de deux pieds d'épaisseur. Le fond devra se composer d'une forte plaque en cuivre, fixée sur un mur en stuc et sur une grille composée de barres de fer carrées très solides. Cette plaque métallique sera murée et mastiquée avec toutes les précautions désirables, de manière à ne former avec le stuc, s'il est possible, qu'un seul et même corps : à cet effet, on se servira d'un ciment ou enduit particulier, pouvant à la fois résister à une haute et basse température ainsi qu'à l'humidité, sans trop durcir ni trop se ramollir. Sous la grille sera situé le fourneau dont l'ouverture n'excédera pas un pied et demi à deux pieds carrés.

Sur une des faces de la chaudière, latérales au fourneau, et sur toute sa hauteur, seront placés plusieurs robinets superposés ; ils seront destinés à décanter l'eau par degrés et au fur et à mesure que celle-ci abandonne l'indigo à son propre poids. Cette chaudière, dont la forme est à peu près celle de la cuve à chaux, sera munie d'un couvercle en planche formé de deux battans pour plus de commodité ; elle en sera revêtue toutes les fois que l'indigo aura achevé sa cuisson et qu'elle se trouvera vide.

Au-dessous du dernier robinet, fixé tout-à-fait sur le fond de la chaudière, se construit un refroidissoir en brique long de douze à quinze pieds sur à peu près quatre de largeur et environ deux de profondeur. A huit pouces au-dessus du fond incliné de cette sorte de caisse, se consolide, à la distance d'environ trois pouces l'un de l'autre, plusieurs barreaux en fer carrés ou même en bois, sur lesquels se place la toile à filtrer. A l'extrémité inférieure de ce refroidissoir et immédiatement au-dessous du canal d'écoulement, se construit dans le sol un autre petit diablotin dont la forme est arrondie ; sa profondeur est d'environ deux pieds et son diamètre d'un pied et demi à peu près. Ce réservoir est destiné à recevoir l'eau chargée de fécule colorante qui, dans les premiers instans, traverse la toile à filtrer sur laquelle elle tombe en sortant de la chaudière. Cette eau est replacée sur le filtre au moyen d'un petit *cui*[1], au fur et à mesure qu'elle y arrive, et ainsi jusqu'à ce qu'elle coule tout-à-fait claire.

La chaudière, les diablotins, les presses et les cuves batteries doivent être mis à l'abri des injures du temps. Il est nécessaire que les ouvriers et surtout l'indigotier puissent travailler à couvert et en pleine sécurité. A cet effet on construit un toit en planches incliné, revêtu d'une couche de ciment de deux à trois pouces d'épaisseur au-dessus. Cette couverture est soutenue par des piliers en maçonnerie, ronds ou carrés, fixés sur l'avant et l'arrière des diverses cuves. A la rigueur, on pourrait se contenter d'un hangar en paille ; mais, outre que cette construction serait peu solide, elle aurait encore l'inconvénient de produire continuellement des ordures et de rendre ainsi l'indigo sale et impur.

La sécherie, construite également en maçonnerie, doit présenter un petit bâtiment carré d'une longueur indéter-

____

(1) Calebasse faite avec une espèce de cucurbitacée.

minée ; elle aura sur toutes ses faces plusieurs ouvertures destinées à aérer l'intérieur en temps opportun : chacune d'elles sera munie d'un contre-vent en dehors et d'une persienne en dedans.

La toiture pourra être faite en terrasse ou de manière à n'offrir à l'air libre que le moins d'issues possible. L'intérieur du bâtiment sera garni de deux ou de plusieurs rangées de tablettes ou de claies superposées, c'est-à-dire placées à trois pieds les unes au-dessus des autres ; ces tablettes seront disposées de façon à ce qu'on puisse circuler librement autour de chacune d'elles. Les liteaux dont se composent les claies auront au plus deux pouces et demi carrés, et seront cloués à un pouce et demi de distance les uns des autres.

Telles sont en général les principaux ustensiles qui doivent composer une indigoterie. Nous ferons remarquer seulement, qu'à la suite du premier jeu de cuves on peut en ajouter successivement plusieurs autres et autant que le bassin de reposition pourra en alimenter. Dans ce cas, on aura de plus à construire un canal en brique dont la destination sera de porter les eaux clarifiées dans les trempoirs. Ce canal s'établit ou se noie pour ainsi dire au milieu et à la surface du mur des trempoires qui se trouve en face de l'ouverture du bassin de reposition, et au moyen de quelques petites écluses ou palettes en bois de sapin léger, fixées sur le canal conducteur, on dirige facilement les eaux clarifiées dans les diverses cuves et ustensiles.

Les accessoires dont nous avons parlé au commencement de cet article et qui sont indispensables à la fabrication de l'indigo, se composent des suivans, savoir :

1° D'une pompe hydraulique, forte et bien conditionnée ;

2° De plusieurs conduites en planches goudronnées ;

3° D'un certain nombre de boulons en fer ;

4° D'une trentaine de perches en bois de sapin pour chaque trempoire, ou de liteaux de sapin ;

5° De trois grosses poutres et de douze montans en bois pour *idem;*

6° D'une ou de plusieurs sondes en fer-blanc ;

7° D'un grand nombre de battes en bois de sapin ;

8° De plusieurs douzaines de seaux, de calebasses, de bidons en fer-blanc ;

9° D'un certain nombre de civières et de brouettes ;

10° D'une ou de plusieurs caisses ou claies à filtrer l'indigo, longues de sept à huit pieds sur environ quatre de largeur et un et demi de profondeur (voyez la figure 10 du plan);

11° D'une certaine quantité de toile de guinée bleue et de canevas propre à revêtir les filtres, les caissons, etc. ;

12° De trois à quatre tamis ou passoires de guinée bleue et de canevas ;

13° De deux grosses éponges ;

14° De plusieurs caissons en chêne d'un pied à dix-huit pouces carrés, criblés de trous sur toutes leurs faces, à fond et à couvercles mobiles (voyez la figure 12);

15° D'une ou de deux bonnes presses en chêne, munies chacune de deux vis en fonte ;

16° D'une ou de deux tables en bois de sapin ou autre ;

17° D'un tire-braise en fer solidement emmanché ;

18° D'un rable en bois bien conditionné, mais pourtant léger;

19° D'une pince en fer dite de maçon ;

20° De deux fortes barres de fer de quatre pieds de long;

21° D'un gros couteau très mince à manche rond;

22° D'une ou de deux petites échelles en bois de sapin ;

23° D'un cachet à marquer l'indigo.

Observations correspondant aux numéros ci-dessus.

N° 1. La pompe hydraulique est nécessaire pour élever l'eau dans le bassin de reposition, et au besoin dans les différentes cuves.

N° 2. Les conduites en planches goudronnées sont destinées à recevoir, de la pompe hydraulique, les eaux dont le bassin de reposition est rempli et à les conduire dans les divers ustensiles, cuves, etc.

N° 3. Les boulons en fer, introduits dans les montans servant de coulisse, sont destinés à maintenir à poste fixe sur les indigofères les poutres dont les trempoires sont pourvues.

N° 4. Les perches trouvent leur emploi dans les cuves trempoires, où, à l'aide des trois grandes poutres, elles contribuent à retenir les indigofères sous l'eau.

N° 5. Les poutres, arrêtées dans les coulisses aux deux extrémités par les boulons en fer, retiennent les indigofères sous l'eau pendant l'acte de la macération, comme nous venons de l'indiquer.

N° 6. Les sondes, consistant en un petit gobelet de fer-blanc fixé à l'extrémité d'une perche d'environ cinq pieds de long, servent à puiser dans les trempoires et les batteries un peu de la liqueur qu'elles contiennent pour s'assurer du degré de macération ainsi que de celui du battage.

N° 7. Les battes ou pagayes sont destinées à agiter fortement et dans tous les sens l'eau de macération pour l'oxigéner et en obtenir la matière colorante dont elle est saturée.

N° 8. Les seaux, les calebasses et les bidons sont employés au transport de la fécule dans la chaudière, sur les filtres, sous l'action de la presse, etc., ainsi qu'à laver les divers ustensiles.

N° 9. Les civières et les brouettes sont employées à décharger les trempoires et à transporter au loin les indigofères macérés, ainsi qu'à une foule d'autres travaux accessoires.

N° 10. Les caisses à filtrer, revêtues de toile de guinée bleue, sont destinées à recevoir la fécule colorante et liquide sortant de la batterie, du diablotin et de la chaudière ; c'est là que cette pâte finit de s'égoutter et peut se laver au besoin. Sous ces filtres et sur les mêmes pieds est adaptée une sorte de caisse un peu plus large que le treillage supérieur et légèrement concave, qui reçoit l'eau chargée de matière colorante qui tombe de la toile au moment où la fécule y est versée, et d'où elle se rend dans un baquet placé au-dessous (voyez la figure 10). Cette eau colorée est replacée sur le filtre au fur et à mesure qu'elle tombe, ainsi que nous le dirons à l'article *fabrication*.

N° 11. La guinée bleue et le canevas sont employés à l'usage des filtres, des refroidissoirs, etc.

N° 12. Les tamis ou plutôt les passoires garnies de guinée bleue et de canevas servent à filtrer l'eau de chaux, à recevoir la fécule sur les filtres à l'entrée et à la sortie de la chaudière, etc., et à retenir ainsi tous les corps étrangers à l'indigo.

N° 13. Les éponges sont employées à recueillir l'indigo qui reste dans les coins de la chaudière, du diablotin, de la trempoire, des conduits, etc., ainsi qu'à laver et à sécher les divers ustensiles.

N° 14. Les caissons revêtus de toile en dedans sont destinés à recevoir la fécule colorante en pâte, qui doit être soumise à l'action de la presse et y acquérir le degré de dessiccation dont l'indigo est susceptible.

N° 15. Les presses servent à comprimer l'indigo contenu dans les caissons et à extraire toute l'eau dont il est imprégné, pour être ensuite réduit en tablettes. Elles se composent d'un chantier, de deux vis de pression, d'un plateau ou sorte de couvercle et de quelques blocs de bois.

N° 16. Les tables servent à entreposer l'indigo sortant de la presse et à le diviser en tablettes carrées : c'est là que sont transportés les caissons qui le contiennent.

N° 17. Le tire-braise sert à l'usage que son nom indique.

N° 18. La destination du rable en bois est de remuer la masse de l'indigo dans la chaudière pendant l'ébullition du mélange, et à l'empêcher de s'attacher à son fond ou de se brûler.

N° 19. La pince en fer de maçon est employée à l'usage des presses et à une foule d'autres travaux dans l'exécution desquels son intervention est réclamée.

N° 20. Les barres de fer servent à tourner les vis de pression sur les caissons remplis d'indigo soumis à leur action.

N° 21. Le couteau est employé à diviser en petits cubes les gâteaux de l'indigo à la sortie des caissons : les deux fonds mobiles et les parois de caissons eux-mêmes portant, par des lignes croisées, l'empreinte de ces tablettes, facilitent puissamment cette coupe.

N° 22. Les échelles servent à monter l'indigo dans la chaudière, à descendre et à remonter dans et hors du bassin de reposition, des cuves, etc.

N° 23. Enfin, le cachet en cuivre est employé à marquer sur les tablettes d'indigo le sceau du fabricant.

Tels sont les ustensiles qui constituent l'ameublement d'une indigoterie et la nature de leur emploi dans la fabrication de l'indigo. Nous allons maintenant nous occuper de cette fabrication et des travaux divers qui s'y rattachent.

De la fabrication de l'indigo par la feuille verte.

On a cru pendant long-temps, dans la plupart de nos colonies, et notamment au Sénégal, que la fabrication de l'indigo par la feuille verte était trop difficile et offrait trop d'inconvéniens pour que le colon pût s'adonner avec quelques succès à ce genre d'exploitation, dont les frais semblaient devoir être immenses. Les expériences auxquelles nous nous sommes livré pendant notre séjour au Sénégal nous ont démontré que ces prétendues difficultés étaient au moins illusoires et qu'elles n'avaient pu être préjugées que par des personnes peu versées dans la pratique. En effet, nous avons reconnu que rien n'était au contraire facile comme la fabrication de l'indigo ; qu'il suffisait à celui qui

voulait s'y livrer, d'examiner avec quelque attention les
divers signes ou phénomènes qui se manifestent lors de la
macération, et de savoir s'en rendre un compte fidèle pour
ne jamais manquer le but de ses opérations. Mais, pour obtenir ce résultat d'une manière satisfaisante à tous égards, il est
nécessaire de réunir toutes les conditions que réclame rigoureusement ce procédé. Ainsi il est indispensable que les indigofères dont on remplit la cuve trempoire soient de même
âge, de même espèce, pris dans le même champ et avant la
fructification. On mettra de côté, pour être travaillés séparément, tous ceux qui ne réuniraient pas exactement ces
conditions : sans cette précaution il en résulterait une faible
quantité d'indigo, et surtout de mauvaise qualité. Le résultat
de nos expériences nous a constamment convaincu que les
espèces différentes d'indigofères, bien que prises dans le
même état, ne pouvaient pas se travailler ensemble, et
que mélangées elles ne donnaient jamais qu'un produit médiocre et peu riche en matière colorante. Ce fait nouveau,
et selon nous très important, a été constaté au Sénégal sur
les *indigofères anil, tinctoria*, et la variété *macrocarpa* dite
emarginata. Le premier, originaire de l'Amérique équi-
noxiale, entre en fermentation, ou plutôt en macération [1],
deux heures au moins avant le *tinctoria* et l'*emarginata*, indi-
gène au Sénégal, en sorte que si l'on veut attendre la complète macération de cette dernière, on risque à perdre la
totalité du produit de la première, qui bientôt entre en
putréfaction. Le battage de l'une s'exécute également plus

---

(1) Les travaux de fabrication auxquels nous nous sommes livré pendant
notre séjour au Sénégal nous ont convaincu que la fermentation n'était nullement nécessaire pour opérer chez les indigofères le dégagement de la matière
colorante dont ils sont pourvus ; qu'il suffisait d'une forte macération pour
rendre ce dégagement complet; que toutes les fois que la fermentation avait
lieu, il y avait destruction, décomposition de cette matière. On appelle généralement, par habitude, dans la fabrication de l'indigo, fermentation, ce qui n'est
réellement qu'une macération.

vite que celui de l'autre, et ainsi de toutes les opérations [1].

En général, on ne commence la coupe des indigofères qu'après que tout a été disposé à l'indigoterie pour les recevoir. On fait en sorte que la totalité des plantes destinées au chargement des cuves soit rendue au plus tard à huit heures du soir [2]; le transport et le chargement des trempoires doivent être d'autant plus accélérés que la chaleur du climat est plus élevée. On évitera ainsi l'échauffement des plantes, qui se manifeste d'autant plus vite que celles-ci sont plus entassées ou plus réunies en paquet; d'où résulterait indubitablement la destruction du principe colorant.

La disposition ou la distribution des plantes dans la trempoire a lieu par lits superposés et légèrement inclinés. Cette inclinaison des premières rangées a pour but de faciliter l'écoulement de l'eau de macération dans la batterie. On diminue l'inclinaison des rangées au fur et à mesure que l'on arrive vers la surface de la cuve, de manière à ce que la dernière se trouve tout-à-fait horizontale. Les deux tiers environ de la trempoire se trouvant ainsi remplis, on place sur les plantes les perches en sapin dont il a été fait mention à l'article indigoterie, en les éloignant de six pouces environ l'une de l'autre; puis les trois poutres précédemment [décrites, que l'on fixe à égale distance l'une de l'autre aux deux extrémités de la cuve, au moyen des boulons en fer introduits dans les montans faisant fonction de coulisse, remplissent parfaitement leur destination, qui est de retenir les indigofères sous l'eau pendant l'acte de la macération. La cuve ainsi arrangée, on ouvre de suite la bonde du bassin de reposition, et on laisse couler l'eau limpide qui en sort jusqu'à ce que les

(1) C'est à cette circonstance sans doute que nous dûmes attribuer la couleur foncée de l'indigo fabriqué au Sénégal, les premières années de nos essais, où ces deux espèces de plantes se trouvaient mélangées.

(2) Nous parlons ici pour les pays où la température s'élève de 25 à 29° Réaumur. Là, on est obligé de charger les cuves de nuit afin d'avoir le temps de terminer les travaux de manipulation le lendemain dans la journée.

plantes en soient recouvertes d'environ trois pouces, ce qui
s'opère en moins d'un quart-d'heure pour chaque cuve. Il
est alors de neuf heures et demie à dix heures du soir. Le
tout reste dans cet état jusqu'au moment où les plantes com-
mencent à entrer en macération, action qui se manifeste,
dans la saison des grandes chaleurs, au bout de neuf à dix
heures. C'est alors que la surveillance de l'indigotier doit
être active et s'exercer avec une perspicacité toute particu-
lière; armé de la sonde en fer-blanc dont nous avons fait mention plus haut, il doit faire avec soin le tour de la trempoire,
examiner et goûter l'eau de macération[1] dans tous les coins
et à des reprises différentes, à l'effet de saisir exactement le
moment de décanter le liquide. Ce point essentiel de macération, l'un des plus importans de la fabrication de
l'indigo, se reconnaît à l'eau : 1° lorsque de claire qu'elle
était d'abord elle se trouble ou prend une teinte verdâtre;
2° qu'il se dégage du fond de la cuve de grosses bulles d'air
d'un bleu clair ou plus ou moins verdâtre qui viennent
simultanément s'évanouir à la surface ; 3° que vers les bords
de la cuve il se forme quelques flegmes ou sortes de mousses
grisâtres ; 4° qu'une légère pellicule violette ou cuivrée
commence à se former à la surface de l'eau, principalement
dans les coins de la trempoire ; 5° enfin, que la liqueur de
macération hâpe ou pique agréablement la langue sans y
laisser aucun mauvais goût, et qu'elle contracte l'odeur
d'une fermentation vineuse, agréable à respirer[2]. Ces

(1) On prend un peu d'eau dans la bouche afin de s'assurer de son état, et
aussitôt que l'on sent qu'elle pique la langue et le palais, on opère le décantage.

(2) Le point de macération que nous indiquons ici est sans contredit le plus sûr et
le plus avantageux de tous ceux qui ont été essayés jusqu'ici au Sénégal; il en résulte
toujours une très belle qualité d'indigo, équivalant sous tous les rapports au fin
violet du Bengale; mais il est bien entendu que les autres opérations de manipulation doivent se terminer sans aucune espèce de retard. La macération poussée
jusqu'à la fermentation ne produit jamais qu'une quantité d'indigo très médiocre
et de mauvaise qualité. La connaissance des signes distinctifs de cette fermen-

divers signes reconnus en tous points, on opère de suite
le décantage du liquide en ouvrant la bonde de la trempoire qui donne dans la batterie. Un quart-d'heure suf-
fit, lorsque la cuve a été bien faite, pour écouler complètement cette liqueur dont le battage s'effectue aussitôt.
A cet effet, douze hommes armés de pagayes ou de battes,
se placent sur deux rangs dans la batterie et agitent vive-
ment et dans tous les sens l'eau de macération, jusqu'à ce
que l'oxigénation de la matière colorante, tenue en suspen-
sion entre les molécules de l'eau, soit complète et qu'elle
se présente sous l'aspect d'une multitude de petits grains
à peine visibles. Pour s'assurer que l'indigo est bien formé,
on prend dans un verre ou mieux dans un vase en argent, au
moyen de la sonde, un peu de la liqueur battue, et en y
ajoutant quelques gouttes d'eau de chaux limpide, on aper-
çoit sur-le-champ le grain composant l'indigo rompre l'équi-
libre et se précipiter au fond du vase. Dès lors on suspend
le battage, qui pour l'ordinaire est d'autant plus prompt
que les hommes ont battu avec plus de vivacité [1]; sa durée

tation outrée est de la plus grande importance pour l'indigotier. Nous croyons
donc devoir les signaler afin de lui éviter la perte d'une partie, sinon de toute sa
récolte. Ces signes consistent : 1° en un dégagement considérable de bulles
d'air qui viennent successivement s'évanouir à la surface de la cuve et y former
une couche plus ou moins épaisse de flegmes grisâtres ; 2° en une pellicule cuivrée qui recouvre la surface de l'eau ; 5° en ce qu'il se manifeste dans la cuve
une sorte de bouillonnement qui donne lieu à un dégagement non interrompu
de grosses bulles verdâtres qui communiquent à l'eau une couleur brunâtre ou
glauque ; 4° en ce que la liqueur contracte ordinairement une odeur fétide piquant fortement le palais et que le goût en est aigre. Ces divers signes se présentent, dans la saison des chaleurs, au bout de 14 à 15 heures d'une fermentation
soutenue.

(1) Le battage étant un des points essentiels de la fabrication de l'indigo, il
importe beaucoup à l'indigotier de connaître exactement l'effet de son action sur
le liquide, afin de pouvoir le suspendre juste au moment où il se manifeste. Sa
durée ne saurait être déterminée par le nombre d'heures, ainsi qu'on l'a cru généralement. La coloration de l'eau en bleu foncé, couverte d'une mousse grisâtre

est d'environ une heure et demie à deux heures. On ajoute ensuite à la liqueur une barrique et demie d'une décoction d'eau de chaux très limpide, qui, en sortant du réservoir, est reçue sur la passoire en canevas dont nous avons parlé plus haut. Les batteurs placés en rond dans la batterie mêlent cette eau saturée de chaux à la masse du liquide en faisant plusieurs fois le tour de la cuve et se retirent ensuite. La cuve batterie est laissée dans cet état de repos jusqu'à ce que la précipitation de l'indigo ait commencé à s'opérer, alors on ouvre la bonde supérieure de la plaque trouée dont nous avons donné ailleurs la description, pour écouler l'eau déjà privée d'indigo, puis la seconde, la troisième, et ainsi de suite jusqu'à la dernière située un peu au-dessus du fond. Celle-ci, qui n'est ouverte qu'à moitié, est refermée aussitôt que l'eau se présente colorée. On fait passer ensuite dans le diablotin, par la conduite en brique dont l'ouverture se trouve placée immédiatement au-dessous ou un peu plus bas que l'aire de la batterie, le restant de ce liquide, avec tout le dépôt de matière colorante qui y adhère. L'eau claire dont on se sert pour laver la batterie facilite beaucoup l'écoulement du dépôt, lequel est reçu dans le diablotin sur un filtre ou claie d'une grande dimension. Là, l'indigo se purge de toute l'eau de macération dont il est encore imprégné, et où on lui fait subir au besoin un lavage complet à l'eau claire, laquelle, en traversant la masse de la fécule colorante déposée sur le filtre, entraîne avec elle les flegmes et autres substances muqueuses qui peuvent s'y rencontrer.

Ce filtrage achevé, on enlève du sablier l'indigo qui s'y trouve à l'état de pâte, puis on le transporte auprès de la chaudière où il est délayé dans une eau parfaitement lim-

plus ou moins abondante, et la formation du grain, doivent seules à cet égard guider l'indigotier. Si sa cessation avait lieu avant l'apparition de ces deux indices, il en résulterait qu'une partie de l'indigo resterait adhérente à l'eau et ne se précipiterait point; si au contraire il était prolongé au-delà, le grain d'abord ferme se redissoudrait en entier et l'opération serait manquée sans retour.

pide, puis on le passe dans celle-ci à travers le sablier du filtre en canevas placé à la surface.

La chaudière contient, au moment où la fécule y est introduite, environ un bon tiers de sa capacité d'eau claire déjà chauffée à un haut degré; le restant du vide est rempli en indigo ou à très peu de chose près : ensuite on pousse le feu par degrés jusqu'à ce que l'ébullition du mélange soit arrivée à son plus haut point. Pour éviter que l'indigo ne s'attache au fond de la chaudière, un homme armé du rable en bois dont nous avons donné plus haut la description, remue continuellement la masse en ébullition et ne cesse qu'après que le feu a été retiré de dessous la chaudière. On arrête le gonflement du liquide, produit par l'ébullition alternative, au moyen d'un peu d'eau fraîche que l'on tient toute prête à cet effet. La durée ordinaire de cette cuisson est d'environ deux heures, à l'expiration desquelles on retire le feu placé sous le fourneau et on laisse déposer la masse de l'indigo. Trois quarts-d'heure après on peut déjà ouvrir le robinet supérieur de la chaudière pour écouler l'eau dont l'indigo s'est séparé, et ainsi successivement tous les autres[1]. Lorsque le volume d'eau restant n'est pas plus considérable qu'il ne faut pour être contenu sur le refroidissoir ou sablier, on ouvre alors le robinet inférieur par lequel s'écoule toute la masse de la pâte liquide colorée, qui est de nouveau reçue sur la passoire en canevas, laquelle a pour objet de retenir les divers corps étrangers qui peuvent se trouver mêlés à l'indigo.

(1) Les chaudières des indigoteries construites au Sénégal, n'étant point disposées de manière à pouvoir décanter l'eau au fur et à mesure qu'elle abandonne l'indigo à son propre poids, on est obligé de faire passer toute la masse du liquide qu'elles contiennent sur le refroidissoir construit au-dessous, par le seul robinet fixé au bas et sur le fond de la chaudière, d'où il résulte que la fécule a le grave inconvénient de rester plus de vingt-quatre heures sur le sablier avant que de pouvoir être entièrement débarrassée de l'eau dans laquelle elle a bouilli, et perd ainsi beaucoup de ses qualités. Nous avons cru devoir signaler ce fait intéressant afin que ceux qui voudraient construire des chaudières de cette nature ne tombent pas dans la même faute qu'au Sénégal.

La première eau qui traverse la toile à filtrer chargée de matière colorante est reçue dans le petit bassin placé au-dessous, et reversée sur le sablier avec précaution au fur et à mesure qu'elle y arrive. Ce travail, qui ordinairement s'exécute par un enfant, se continue jusqu'à ce que l'eau coule parfaitement claire, ce qui n'arrive guère avant trois heures et demie à quatre heures, alors que les interstices du tissu se trouvent obstrués ou garnis de fécule. Celle-ci étant purgée de toute son eau et réduite en pâte plus ou moins compacte, est enlevée du sablier avec la cuillère en bois dont nous avons également fait mention en traitant des ustensiles en général, puis transportée, au moyen d'une calebasse, dans le caisson criblé de trous, placé sur le chantier de la presse pour la recevoir. Ce caisson étant rempli, on rabat sur la fécule les bouts de guinée bleue dont l'intérieur de cette forme est garnie et qui ont été ménagés à cet effet : on les arrange de façon à faire le moins de plis possible, puis on applique le couvercle du caisson également troué, ainsi que les quatre petites calles qui l'accompagnent et le plateau destiné à recevoir les vis de pression : le tout est alors ainsi soumis à l'action de la presse, dont les vis sont mues par degrés, surtout en commençant. Lorsque le gâteau ou tourteau d'indigo se trouve réduit à peu près au deux tiers du caisson et que l'écoulement de l'eau cesse de se manifester, on dévisse la presse et on soulève doucement le caisson, en introduisant la main entre lui et son fond pour s'assurer si la pression est suffisante ; dans le cas contraire on recharge de nouveau la presse, puis on donne encore quelques tours de vis pour l'achever complètement ; après quoi on retire le caisson et on le transporte sur l'une des tables en sapin précédemment citée, où l'ouverture s'en fait immédiatement. On procède ensuite à la division du tourteau, qui a lieu à l'aide d'un grand couteau ou d'un fil de laiton, comme cela se pratique pour le savon. Les tablettes de trois pouces cubes qui en résultent sont transportées au fur et à mesure dans la sécherie, où elles sont arrangées avec ordre sur les claies, revêtues de nattes ou de toiles claires perméables à l'air.

La dessiccation de ces tablettes d'indigo doit être d'autant moins prompte que la sécheresse du climat est plus grande. On préviendra l'effet de cette action en abritant l'indigo contre l'influence des courans d'air sec, au moyen d'une toile claire, soit de guinée bleue, soit de canevas ou de tout autre étoffe : autrement, les tablettes se fendillent, se brisent, et les fragmens, quoique composés d'indigo de bonne qualité, perdent toute leur valeur mercantile. Dix à douze jours suffisent ordinairement pour rendre complète la dessiccation des tablettes arrangées de cette manière: mais il est nécessaire pendant ce temps de les retourner une ou deux fois en les changeant de place [1].

L'emballage de l'indigo, après sa dessiccation accomplie, se fait dans des caisses carrées, de la contenance d'environ 50 livres. Ces caisses sont construites en bois léger, mais solide, sans façon proprement dite. On garnit l'intérieur de papier blanc ou gris afin d'empêcher la communication de l'humidité. On arrange ensuite les tablettes de façon à en placer le plus possible; le remplissage de la caisse se termine avec du papier ou des rognures de papier; on doit en mettre assez pour que le couvercle presse bien sur la masse, puis on fixe celui-ci à demeure au moyen de quelques vis; de la sorte les caisses peuvent se transporter à des distances considérables sans qu'il en résulte jamais aucun accident. C'est ainsi qu'elles arrivent en Europe dans l'état de conservation le plus parfait.

(1) Nous ferons remarquer ici que la toile de guinée bleue, fabriquée avec du fil de coton dont on revêt l'intérieur des caissons, n'est pas assez forte pour résister au degré de pression auquel est soumis l'indigo. Il arrive souvent que ces toiles se déchirent brusquement et occasionnent une perte considérable de matière colorante, qui, étant encore liquide, jaillit à l'extérieur par les trous dont les différentes faces du caisson sont criblées. Nous proposons de remplacer ce tissu par une toile plus solide, sans toutefois être plus serrée. Celle qui nous paraîtrait convenir le mieux serait de la toile de lin écrue ordinaire.

Nous venons de décrire avec quelques détails le procédé
de fabrication de l'indigo par la feuille verte. Maintenant il
nous reste à parler de celui relatif à cette fabrication par la
feuille sèche dont nous avons fait mention en donnant les
moyens de préparer les feuilles.

Du procédé de fabrication de l'indigo par la feuille sèche.

La connaissance du procédé de fabrication de l'indigo
par la feuille sèche est due à M. Plagne, pharmacien chimiste de la marine, qui en 1825 vint au Sénégal pour en
démontrer les principes et les faire adopter aux habitans.
Mais le point de macération indiqué par ce chimiste
comme celui auquel il fallait s'arrêter pour obtenir une
belle qualité d'indigo, fut depuis reconnu inexact par ceux
des planteurs qui en firent usage. En effet, l'expérience
nous a démontré que deux heures consécutives de macération, fixées par M. Plagne, excédaient de beaucoup le vérita-
ble point auquel il était nécessaire de suspendre cette action
et décanter le liquide. Ce point, d'après le résultat de nos
propres expériences, a été irrévocablement fixé à cinq
quarts-d'heure environ.

Voici, du reste, comment s'exécutent les diverses opérations qui se rattachent à ce procédé.

La quantité de feuilles d'indigofères à placer dans une cuve
trempoire de la dimension dont nous avons parlé plus haut
ne saurait être rigoureusement déterminée : on en place
plus ou moins, selon le besoin dans lequel on se trouve d'activer la fabrication de son produit; nous pensons néanmoins
que, pour une opération raisonnable, le nombre de livres
ne devra pas dépasser 3,500 environ ; mais il sera nécessaire
que les feuilles soient très propres et bien desséchées, en un
mot qu'elles ne contiennent ni bois ni semence aucune.

Étant pesées, ces feuilles sont transportées dans la trempoire, où elles sont étendues uniformément et de manière
à laisser entre elles et les bords de la cuve, pour la circula-

tion de l'eau, un espace d'environ 3 pouces. On place ensuite sur elles avec soin les perches dont nous avons parlé en décrivant le procédé de fabrication de l'indigo par la feuille verte, et assez rapprochées l'une de l'autre pour ne laisser entre elles que le moins d'intervalle possible [1]. Ces perches sont tenues à poste fixe par les poutres dont les cuves trempoires sont surmontées. On recouvre ainsi le tout d'environ 3 à 4 pouces d'eau limpide et on laisse la cuve dans cet état jusqu'à ce que l'eau, 1° de claire qu'elle était d'abord, se trouble et prenne une couleur vert foncé; 2° qu'il se dégage du fond et du centre de la masse quelques globules d'air plus ou moins verdâtre, analogues en quelque sorte à ceux qui se présentent lors de la macération des plantes vertes; 3° que la liqueur de macération acquière un goût amer et piquant, sans toutefois être sûre; 4° et enfin que l'odeur n'en soit ni agréable ni désagréable. Ces signes peu nombreux, mais très saisissables, se font ordinairement remarquer au bout d'une heure ou de cinq quarts-d'heure au plus de macération. Aussitôt qu'ils ont été constatés sur quelques points de la cuve, on s'empresse d'opérer le décantage du liquide, qui doit se faire le plus promptement possible et de manière à ce qu'au bout de deux heures, macération comprise, il ne reste plus d'eau dans la trempoire.

L'écoulement de l'eau dans la batterie est facilitée en relevant sur l'arrière de la cuve, au moyen de crocs à fumier ou de forts rateaux à dents de fer, les feuilles dont la macération est achevée. Si la macération et l'écoulement de la liqueur qui en résulte se prolongeait au-delà de deux heures, il s'en suivrait nécessairement une mauvaise qualité d'indigo et une très faible quantité pour l'ordinaire.

L'eau de macération, en sortant de la trempoire, est re-

---

(1) Les perches pourraient facilement être remplacées par des treillages en bois ou autre branchage quelconque qui remplirait le même but; des claies semblables à celles qu'emploient les terrassiers pour passer la terre conviendraient parfaitement.

çue dans la batterie sur une claie solidement construite, revêtue d'une couverture de laine grossièrement tissue. Cet appareil indispensable a pour objet de retenir la terre, les débris de feuilles, etc., qui passent continuellement à travers le treillage ou paillasson placé en dedans et à l'orifice du canal à décanter; sans ces précautions, minutieuses sans doute, il en résulterait que l'indigo mélangé de corps hétérogènes serait lourd, noirâtre et sans valeur intrinsèque.

Du reste, le battage ainsi que toutes les opérations ultérieures s'exécutent de la même manière que dans le procédé de fabrication par la feuille verte; seulement on ne se sert pas ici d'eau de chaux pour activer la précipitation de l'indigo; celle-ci pouvant se faire sans le concours de ce réactif, qui d'ailleurs ne laisse pas, quoi qu'on en dise, que d'imprimer à l'indigo un caractère sec et cassant.

L'indigo obtenu des opérations conduites comme nous venons de l'indiquer a toujours été très beau, riche en couleur et d'une friabilité remarquable; il équivalait, sous tous ces rapports, à la première qualité du Bengale, qui comme on sait, est la plus estimée dans les arts manufacturiers; mais il contenait, d'après l'analyse chimique qu'en a faite M. Chevreul, environ 14 pour 100 de matières étrangères, matières qu'il faut attribuer à la nature du climat et à celle des feuilles elles-mêmes [1].

Quoi qu'il en soit, ce procédé, ainsi que nous l'avons dit plus haut, ne saurait être mis en pratique avec avantage, vu les frais nombreux dans lesquels entraînent nécessairement la préparation et la conservation des feuilles; l'indigo qui en résulte, quelque beau qu'il soit d'ailleurs, ne saurait jamais récompenser les peines minutieuses de l'agriculteur. Ajoutez à cela la chance fâcheuse à laquelle on est exposé de perdre

---

(1) La surface inférieure de ces feuilles est ordinairement couverte d'une espèce de poussière composée de poils extrêmement courts qui y restent adhérens, et paraît se précipiter avec l'indigo lors de la macération

en peu d'heures, par l'échauffement facile des feuilles desséchées, le produit de toute une récolte; alors on aura, ce nous semble, des motifs pour ne s'en servir que dans des cas de nécessité.

Explication de la planche.

a. Bassin de reposition dont les angles intérieurs peuvent être arrondis.

bb. Cuves trempoires situées au-dessous du robinet à 4 pieds environ de la surface du bassin de reposition, et munies de leurs montans disposés en coulisse et du boulon en fer destiné à fixer les poutres sur les indigofères, et à les maintenir sous l'eau.

c. Lignes qui indiquent l'ouverture du bassin de reposition située à 2 pieds au-dessus du fond.

d. Conduite ou rigole établie dans et à la surface du mur inférieur des trempoires, apportant l'eau clarifiée dans ces dernières, pour en submerger les indigofères.

ee. Cuves batteries situées 2 pieds plus bas que la surface des trempoires.

ff. Lignes ponctuées indiquant les ouvertures garnies de leurs bouchons, servant à décanter l'eau de macération.

gg. Marches d'escaliers destinées à passer d'une cuve à l'autre.

hh. Indication des plaques ayant 2 pieds de hauteur sur 15 pouces de largeur et 3 pouces d'épaisseur, percées de trous pour décanter par degrés l'eau purgée d'indigo.

kk. Lignes ponctuées montrant les ouvertures de 4 pouces de diamètre, placées sous le fond des batteries par lesquelles on fait passer la fécule dans le diablotin.

iii. Canaux ou rigoles en brique de 6 pouces de profondeur sur autant de largeur par lesquels s'écoule l'eau de macération.

ll. Conduites en brique également de 6 pouces de profondeur sur autant de largeur , apportant des cuves batteries la fécule dans le diablotin.

m. Lignes indiquant une ouverture de 4 pouces de diamètre, établie sur le fond du bassin de reposition par où s'écoule la vase et les ordures provenant du dépôt de l'eau.

n. Cuve à chaux.

o. Robinet placé à 15 pouces au-dessus du fond.

p. Trou placé sur le fond de la cuve et destiné au lavage et à l'écoulement de la matière déposée.

q. Diablotin creusé à la profondeur de 5 pieds dans le sol.

r. Réservoir dans lequel passe le restant de l'eau de macération et où l'on reçoit la fécule ; il est situé 1 pied plus bas que le diablotin.

s. Indication de la plaque percée de trous pour décanter par degrés l'eau de macération.

t. Trou situé sur le fond de la cuve et par lequel on fait passer la fécule colorante encore liquide.

u. Chaudière en maçonnerie privée de son couvercle.

v. Refroidissoir garni de liteaux sur lesquels on place la toile à filtrer.

x. Robinet inférieur par lequel passe la fécule bouillie.

y. Petit diablotin en maçonnerie construit dans le sol, et dans lequel est reçue l'eau encore chargée d'indigo, et par où s'écoule celle qui en est purgée.

z. Sécherie en maçonnerie couverte d'un toit en pente incliné.

1. Plan des diverses pièces ci-dessus mentionnées mis en perspective.

2. Refroidissoir.

3. Chaudière.

4. Cuve à chaux armée de son robinet.

5. Bassin de reposition , au bas duquel on voit le robinet qui donne dans la rigole amenant l'eau dans les trempoires.

6. Trempoires garnies de leurs appareils ou de leurs montans soutenant les poutres à placer sur l'indigo.

7. Batteries sur le mur desquelles on voit les trois marches d'escaliers qui conduisent aux trempoires.

8. Diablotin noyé dans le sol.

9. Réservoir. *Idem.*

10. Filtre ou sablier placé sur ses tréteaux, muni en dessous du plateau concave sur lequel tombe l'eau, et du baquet qui la reçoit.

11. Batte en bois de sapin percée de trous.

12. Caisson monté, percé de trous sur toutes ses faces, montrant sur deux de ses côtés les clés qui retiennent les panneaux.

13. Appareil isolé devant s'adapter aux tuyaux *a*, à décanter des différentes cuves, notamment à celui du bassin de reposition; cet appareil ingénieux et en fer, à l'exception de la planchette *b* servant de bouchon, est extrémement commode et facile à mouvoir; il n'est sujet à aucun dérangement; il a un avantage immense sur les bouchons et même sur les robinets, en ce qu'on le fait jouer facilement sans déranger aucunement les tuyaux placés dans les murs, et qu'on peut ne l'ouvrir qu'en partie ou en totalité selon le besoin. La vis *c* sert à rapprocher du tuyau la planchette *b* garnie de cuir en dessous et à fermer hermétiquement l'ouverture du tuyau.

Les côtés *dd*, et la surface *e*, sont en fer ainsi que la vis. Les branches inférieures de cet appareil sont soudées sur le tuyau ou solidement fixées par des clous rivés en dedans et en dehors.

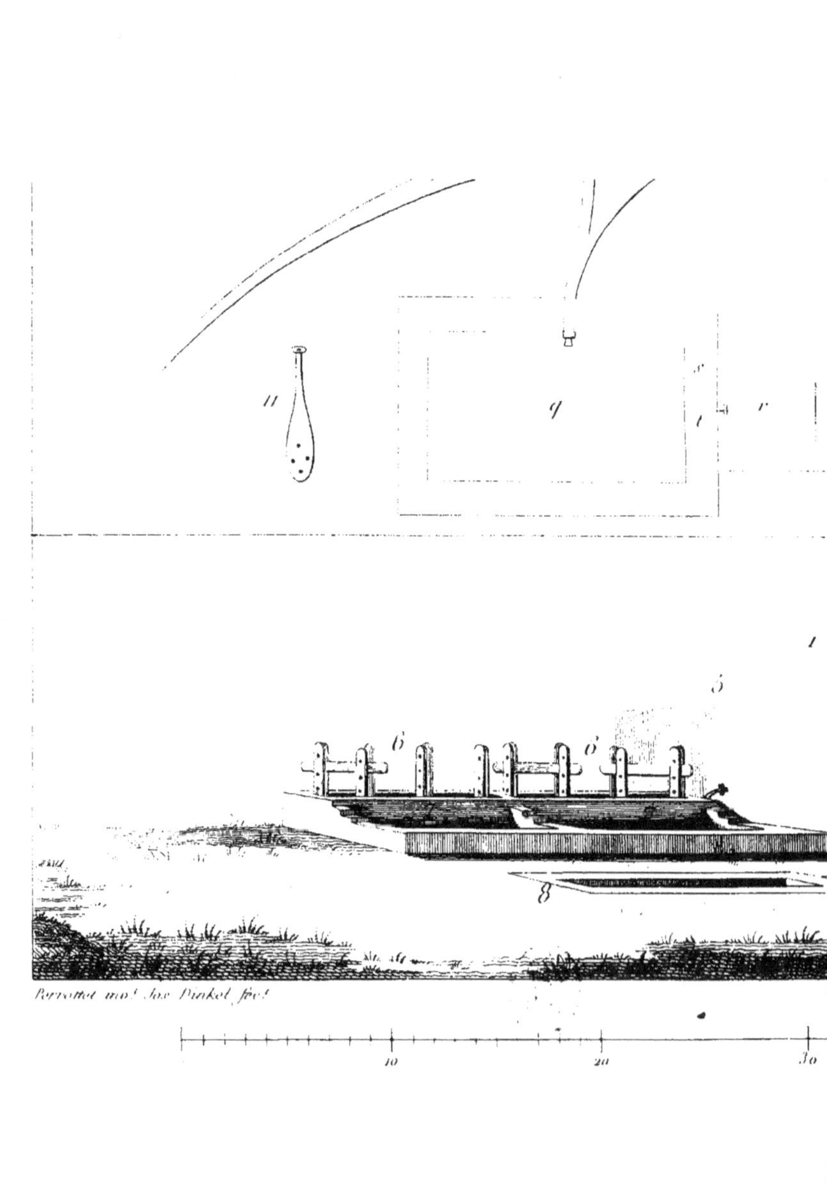

Perrottet inv.t Jac.s Pinkel fec.t
10   20   30

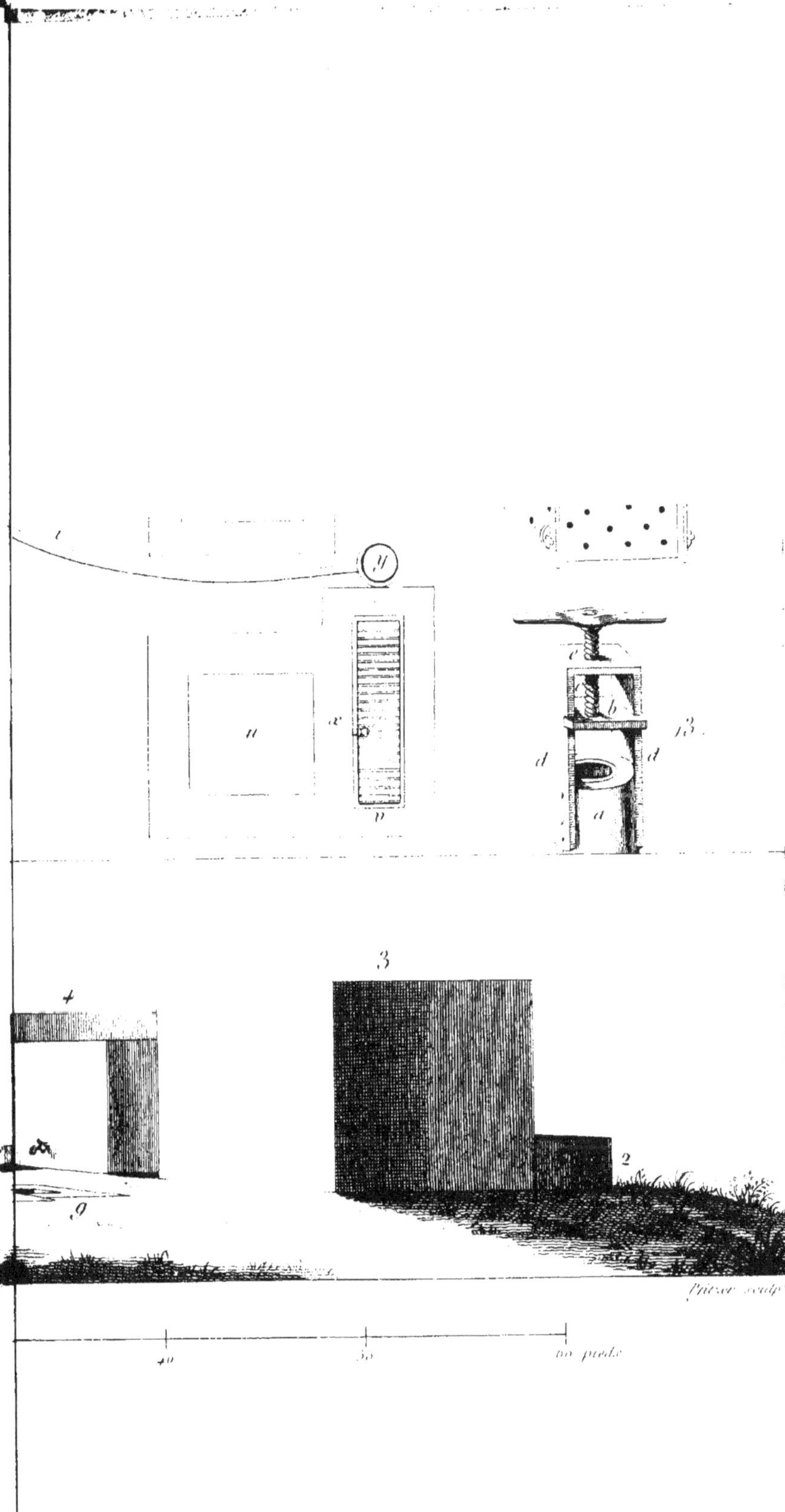
1
11
13
3
4
2
9
10
50
100 pieds

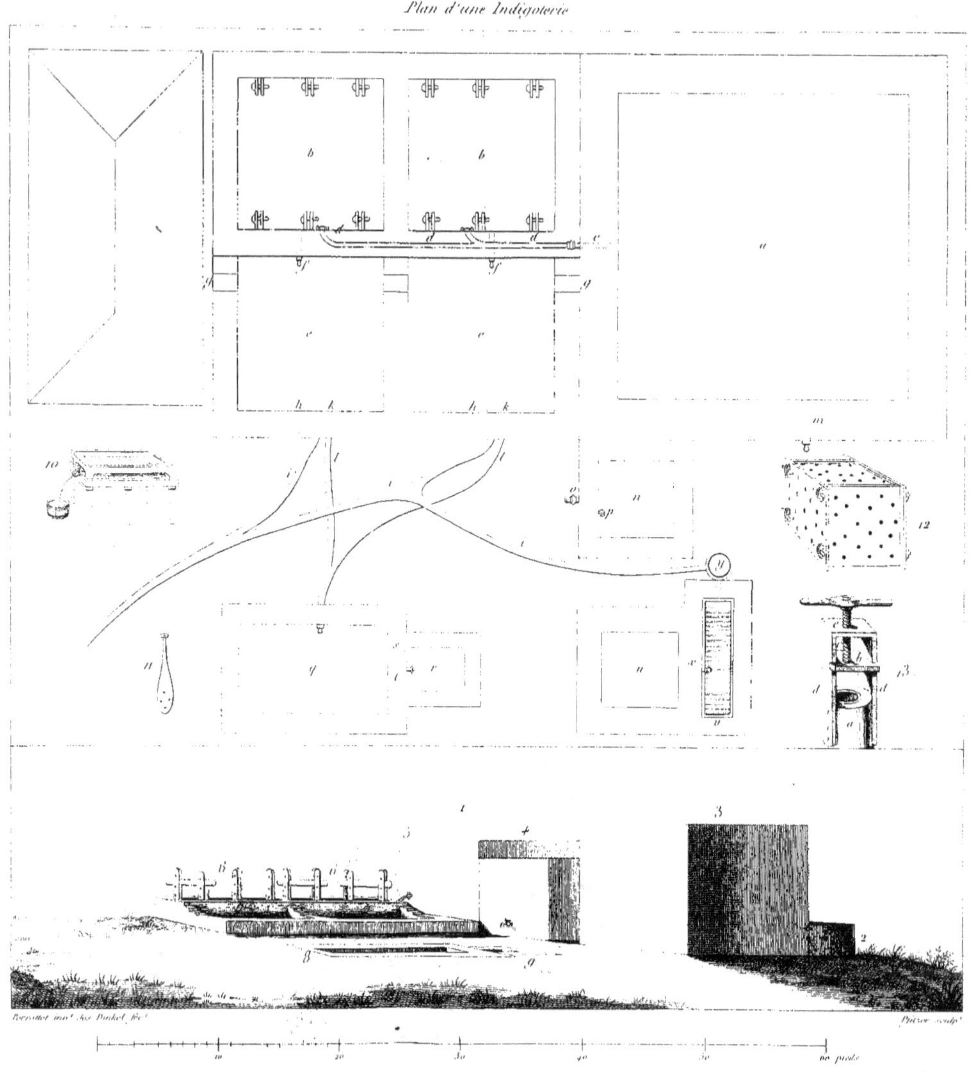

www.ingramcontent.com/pod-product-compliance
Lightning Source LLC
LaVergne TN
LVHW021148200726
843510LV00001B/277